机械工程系列规划教材

UG NX 8.0产品设计基础

金　杰　吴立军　王波群　金正宾　徐其航　编著

ZHEJIANG UNIVERSITY PRESS
浙江大学出版社

图书在版编目（CIP）数据

UG NX 8.0 产品设计基础 / 金杰等编著. —杭州：
浙江大学出版社，2014.6
ISBN 978-7-308-13172-8

Ⅰ. ①U… Ⅱ. ①金… Ⅲ. ①工业产品－产品设计－
计算机辅助设计－应用软件－高等学校－教材 Ⅳ.
①TB472-39

中国版本图书馆 CIP 数据核字（2014）第 094502 号

内容简介

本书是以 UG NX 8.0 为蓝本，介绍基于 UGNX8.0 进行产品设计的初、中级教程。全书分成三部分，共分 8 章，分别介绍三维造型技术基础、三维建模软件常用功能及应用实例、CAE 分析入门及应用实例。本书针对常用功能原理、模型特征分析、操作技巧指点详细展开，因此更能让读者切实、深入地掌握软件的使用方法。

全书附有大量的功能实例，每个实例均有详细的操作步骤。本书所提供的配套资源包含书中实例的源文件、结果文件、综合实例等学习资源，便于读者练习、揣摩建模思路与技巧，读者可在 www.51cax.com 凭本书书封底所附序列号免费下载。任课教师可免费获取教学资源。

本书层次清晰、实例丰富、讲述具体，可作为高等院校 CAD/CAM 相关专业的教材，也可作为各类 CAD/CAM 培训机构的授课教材，还可作为广大从事 CAD/CAM 工作的技术人员的自学教材和参考用书。

UG NX 8.0 产品设计基础

金 杰 吴立军 王波群 金正宾 徐其航 编著

责任编辑 杜希武
封面设计 刘依群
出版发行 浙江大学出版社
（杭州市天目山路 148 号 邮政编码 310007）
（网址：http://www.zjupress.com）
排 版 杭州好友排版工作室
印 刷 杭州杭新印务有限公司
开 本 787mm×1092mm 1/16
印 张 20.25
字 数 492 千
版 印 次 2014 年 6 月第 1 版 2014 年 6 月第 1 次印刷
书 号 ISBN 978-7-308-13172-8
定 价 48.00 元

浙江大学出版社发行部联系方式：(0571) 88925591；http://zjdxcbs.tmall.com

《机械工程系列规划教材》
编审委员会

前 言

CAD/CAE 技术是现代产品设计中广泛采用的现代设计方法和手段,其中 CAD 技术是现代设计与制造技术的核心,CAE 技术必须建立在 CAD 基础上。利用 CAE 技术,可以预测产品各种缺陷,从而优化产品设计,缩短制造周期。UG NX 软件是 Siemens PLM Software 公司的一套集 CAD/CAE/CAM 于一体的软件集成系统,是当今世界上最先进的计算机辅助设计、分析和制造的软件之一,广泛应用于航空、航天、汽车、通用机械和电子等工业领域。

本书作者从事 CAD/CAE/CAM 教学和研究多年,具有丰富的 UG NX 使用经验和教学经验。全书共分 9 章,主要由三大部分内容组成,即:三维建模基础知识;三维建模软件 UG NX 常用功能与应用实例;UGNX CAE 分析入门。书中穿插大量的技巧、提示及典型实例,以便读者能边学边练,细心体会,扎实掌握。

我们发现,无论是用于自学还是用于教学,现有教材所配套的教学资源库都远远无法满足用户的需求。主要表现在:1)一般仅在随书光盘中附以少量的视频演示、练习素材、PPT 文档等,内容少且资源结构不完整。2)难以灵活组合和修改,不能适应个性化的教学需求,灵活性和通用性较差。为此,本书特别配套开发了一种全新的教学资源:立体词典。所谓"立体",是指资源结构的多样性和完整性,包括视频、电子教材、印刷教材、PPT、练习、试题库、教学辅助软件、自动组卷系统、教学计划等等。所谓"词典",是指资源组织方式。即把一个个知识点、软件功能、实例等作为独立的教学单元,就像词典中的单词。并围绕教学单元制作、组织和管理教学资源,可灵活组合出各种个性化的教学套餐,从而适应各种不同的教学需求。实践证明,立体词典可大幅度提升教学效率和效果,是广大教师和学生的得力助手。

本书主要由浙江工业大学金杰(第 4~7 章)、浙江科技学院吴立军(第 1、9 章)、广东机电职业技术学院王波群(第 2、4 章)、惠州市技师学院金正宾(第 8 章)、揭阳职业技术学院徐其航(第 3、5 章),杭州浙大旭日科技开发有限公司的潘常春、李加文、卢俊等工程师也参与了本书的编写。本书适用于高等院校三维造型技术基础、UGNX 软件应用等相关课程的教材,同时为从事工程技术人员和 CAD\CAE\CAM 研究人员提供参考资料。限于编写时间和编者的水平,书中必然会存在需要进一步改进和提高的地方。我们十分期望读者及专业人士提出宝贵意见与建议,以便今后不断加以完善。请通过以下方式与我们交流:

● 网站:http://www.51cax.com

● E-mail:book@51cax.com

● 致电:0571－28852522

本书获得浙江工业大学专著和教材改革基金的资助,并由杭州浙大旭日科技开发有限公司为本书配套提供立体教学资源库、教学软件及相关协助,在此表示衷心的感谢。最后,感谢浙江大学出版社为本书的出版所提供的机遇和帮助。

作　者

2014 年 5 月

目　　录

第1章　了解三维建模

人们生活在三维世界中,采用二维图纸来表达几何形体显得不够形象、逼真。三维建模技术的发展和成熟应用改变了这种现状,使得产品设计实现了从二维到三维的飞跃,且必将越来越多地替代二维图纸,最终成为工程领域的通用语言。因此,三维建模技术已成为工程技术人员所必须具备的基本技能之一。

本章学习目标

- 了解三维建模技术的基本概貌;
- 了解三维建模取代二维制图设计的必然性;
- 了解三维建模技术的发展历程、价值和种类;
- 了解三维建模技术及其与 CAD、CAE、CAM 等计算机辅助设计技术之间的关系;
- 掌握三维建模的方法。

1.1　设计的飞跃——从二维到三维

目前我们能够看到的几乎所有印刷资料,包括各种图书、图片、图纸,都是平面的,是二维的。而现实世界是一个三维的世界,任何物体都具有三个维度,要完整地表述现实世界的物体,需要用 X、Y、Z 三个量来度量。所以这些二维资料只能反映三维世界的部分信息,必须通过抽象思维才能在人脑中形成三维映像。

工程界也是如此。多年来,二维的工程图纸一直作为工程界的通用语言,在设计、加工等所有相关人员之间传递产品的信息。由于单个平面图形不能完全反映产品的三维信息,人们就约定一些制图规则,如将三维产品向不同方向投影、剖切等,形成若干由二维视图组成的图纸,从而表达完整的产品信息,如图 1-1 所示。图中是用四个视图来表达产品的。

图纸上的所有视图,包括反映产品三维形状的轴测图(正等轴测图、斜二测视图或者其他视角形成的轴测图),都是以二维平面图的形式展现从某个视点、方向投影过去的物体的情况。根据这些视图以及既定的制图规则,借助人类的抽象思维,就可以在人脑中重构物体的三维空间几何结构。因此,不掌握工程制图规则,就无法制图、读图,也就无法进行产品的设计、制造,从而无法与其他技术人员沟通。

毋庸置疑,二维工程图在人们进行技术交流等方面起到了重要的作用。但用二维工程图形来表达三维世界中的物体,需要把三维物体按制图规则绘制成二维图形(即制图过程),其他技术人员再根据这些二维图形和制图规则,借助抽象思维在人脑中重构三维模型(即读图过程),这一过程复杂且易出错。因此以二维图纸作为传递信息的媒介,实属不得已而为之。

图 1-1

那么,有没有办法可以直接反映人脑中的三维的、具有真实感的物体,而不用经历三维投影到二维、二维再抽象到三维的过程呢? 答案是肯定的,这就是三维建模技术,它可以直接建立产品的三维模型,如图 1-2 所示。

图 1-2

三维建模技术直接将人脑中设计的产品通过三维模型来表现,无须借助二维图纸、制图规范、人脑抽象就可获得产品的三维空间结构,因此直观、有效、无二义性。三维模型还可直接用于工程分析,尽早发现设计得不合理之处,大大提高设计效率和可靠性。

但是,过去由于受计算机软、硬件技术水平的限制,三维建模技术在很长一段时间内不能实用化,人们仍不得不借助二维图纸来设计制造产品。而今,微机性能大幅提高,微机CPU 的运算速度、内存和硬盘的容量、显卡技术等硬件条件足以支撑三维建模软件的硬件需求,而三维建模软件也日益实用化,因此三维建模技术在人类生活的各个领域开始发挥着越来越重要的作用。

正是三维建模技术的实用化,推动了 CAD、CAM、CAE(计算机辅助设计、计算机辅助制造、计算机辅助工程分析技术,统称 CAx 技术)的蓬勃发展,使得数字化设计、分析、虚拟制造成为现实,极大地缩短了产品设计制造周期。

毫无疑问,三维建模必将取代二维图纸,成为现代产品设计与制造的必备工具;三维建模技术必将成为工程人员必备的基本技能,替代机械制图课程,成为高校理工科类学生的必修课程。

 提示:

由于基于二维图纸的产品设计、制造流程已沿用多年,数字化加工目前也还不能完全取代传统的加工方式,因此,二维图纸及计算机二维绘图技术现在还不可能完全退出企业的产品设计、制造环节。但是只要建立了产品的三维数字模型,生成产品的二维图纸是一件非常容易的事情(参见本书 UG NX 制图部分的内容)。

事实上,三维建模并非一个陌生的概念,接下来先让我们深入理解什么是三维建模。

1.2 什么是三维建模

什么是三维建模呢?

设想这样一个画面:父亲在炉火前拥着孩子,左一刀、右一刀地切削一块木块;在孩子出神的眼中,木块逐渐成为一把精致的木手枪或者弹弓。木手枪或弹弓形成的过程,就是直观的三维建模过程。三维建模在现实中非常常见,如孩子们堆沙丘城堡、搭积木的过程是三维建模的过程,雕刻、制作陶瓷艺术品等,也都是三维建模的过程。三维建模是如此的形象和直观:人脑中的物体形貌在真实空间再现出来的过程,就是三维建模的过程。

广义地讲,所有产品制造的过程,无论手工制作还是机器加工,都是将人们头脑中设计的产品转化为真实产品的过程,都可称为产品的三维建模过程。

计算机在不到 100 年的发展时间里,几乎彻底改变了人类的生产、生活和生存方式,人脑里想象的物体,几乎都能够通过"电脑"来复现了。本书所说的"三维建模",是指在计算机上建立完整的产品三维数字几何模型的过程,与广义的三维建模概念有所不同。

计算机中通过三维建模建立的三维数字形体,称为三维数字模型,简称三维模型。在三维模型的基础上,人们可以进行后续的许多工作,如 CAD、CAM、CAE 等。

虽然三维模型显示在二维的平面显示器上,与真实世界中可以触摸的三维物体有所不同,但是这个模型具有完整的三维几何信息,还可以有材料、颜色、纹理等其他非几何信息。人们可以通过旋转模型来模拟现实世界中观察物体的不同视角,通过放大/缩小模型,来模拟现实中观察物体的距离远近,仿佛物体就位于自己眼前一样。除了不可触摸,三维数字模型与现实世界中的物体没有什么不同,只不过它们是虚拟的物体。

 提示:

计算机中的三维数字模型,对应着人脑中想象的物体,构造这样的数字模型的过程,就是计算机三维建模,简称三维建模。在计算机上利用三维造型技术建立的三维数字形体,称为三维数字模型,简称三维模型。

三维建模必须借助软件来完成,这些软件常被称为三维建模系统。三维建模系统提供在计算机上完成三维模型的环境和工具,而三维模型是 CAx 系统的基础和核心,因此 CAx 软件必须包含三维建模系统,三维建模系统也由此被广泛应用于几乎所有的工业设计与制造领域。

本书以世界著名的 CAx 软件——UG NX 为例,介绍三维建模技术的基本原理、建模的基本思路和方法,其他 CAx 软件系统虽然功能、操作方式等不完全相同,但基本原理类似,学会使用一种建模软件后,向其他软件迁移将非常容易。

三维建模系统的主要功能是提供三维建模的环境和工具,帮助人们实现物体的三维数字模型,即用计算机来表示、控制、分析和输出三维形体,实现形体表示上的几何完整性,使所设计的对象生成真实感图形和动态图形,并能够进行物性(面积、体积、惯性矩、强度、刚度、振动等)计算、颜色和纹理仿真以及切削与装配过程的模拟等。具体功能包括:

- 形体输入:在计算机上构造三维形体的过程。
- 形体控制:如对形体进行平移、缩放、旋转等变换。
- 信息查询:如查询形体的几何参数、物理参数等。
- 形体分析:如容差分析、物质特性分析、干涉量的检测等。
- 形体修改:对形体的局部或整体进行修改。
- 显示输出:如消除形体的隐藏线、隐藏面,显示、改变形体的明暗度、颜色等。
- 数据管理:三维图形数据的存储和管理。

1.3 三维建模——CAx 的基石

CAx 技术包括 CAD(Computer Aided Design,计算机辅助设计)、CAM(Computer Aided Manufacturing,计算机辅助制造)、CAPP(Computer Aided Process Planning,计算机辅助工艺规划)、CAE(Computer Aided Engineering,计算机辅助工程分析)等计算机辅助技术;其中,CAD 技术是实现 CAM、CAPP、CAE 等技术的先决条件,而 CAD 技术的核心和基础是三维建模技术。

现以模制产品的开发流程为例,来考察 CAx 技术的应用背景以及三维建模技术在其中的地位。通常,模制产品的开发分为四个阶段,如图 1-3 所示。

1.3.1 产品设计阶段

首先建立产品的三维模型。建模的过程实际就是产品设计的过程,这个过程属于 CAD 领域。设计与分析是一个交互过程,设计好的产品需要进行工程分析(CAE),如强度分析、刚度分析、机构运动分析、热力学分析等,分析结果再反馈到设计阶段(CAD),根据需要修改结构,修改后继续进行分析,直到满足设计要求为止。

1.3.2 模具设计阶段

根据产品模型,设计相应的模具,如凸模、凹模以及其他附属结构,建立模具的三维模

图 1-3

型。这个过程也属于 CAD 领域。设计完成的模具,同样需要经过 CAE 分析,分析结果用
于检验、指导和修正设计阶段的工作。例如对于塑料制品,注射成型分析可预测产品成型的
各种缺陷(如熔接痕、缩痕、变形等),从而优化产品设计和模具设计,避免因设计问题造成的
模具返修甚至报废。模具的设计分析过程类似于产品的设计分析过程,直到满足模具设计
要求后,才能最后确定模具的三维模型。

1.3.3 模具制造阶段

由于模具是用来制造产品的模版,其质量直接决定了最终产品的质量,所以通常采用数
控加工方式,这个过程属于 CAM 领域。制造过程不可避免地与工艺有关,需要借助 CAPP
领域的技术。

1.3.4 产品制造阶段

此阶段根据设计好的模具批量生产产品,可能会用到 CAM/CAPP 领域的技术。

可以看出,模制品设计制造过程中,贯穿了 CAD、CAM、CAE、CAPP 等 CAx 技术;而这
些技术都必须以三维建模为基础。

例如要设计生产如图 1-4 和图 1-5 所示的产品,必须首先建立其三维模型。没有三维

建模技术的支持,CAD技术无从谈起。

图 1-4

图 1-5

产品和模具的CAE,不论分析前的模型网格划分,还是分析后的结果显示,也都必须借助三维建模技术才能完成,如图1-6和图1-7所示。

图 1-6

图 1-7

对于CAM,同样需要在模具三维模型的基础上,进行数控(Numerical Control,NC)编程与仿真加工。图1-8显示了模具加工的数控刀路,即加工模具时,刀具所走的路线。刀具按照这样的路线进行加工,去除材料余量,加工结果就是模具。图1-9显示了模具的加工刀轨和加工仿真的情况。可以看出,CAM同样以三维模型为基础,没有三维建模技术,虚拟制造和加工是不可想象的。

图 1-8

图 1-9

上述模制产品的设计制造过程充分表明,三维建模技术是CAD、CAE、CAM等CAx技术的核心和基础,没有三维建模技术,CAx技术将无从谈起。

事实上,不仅模制产品,其他产品的CAD、CAM、CAE也都离不开三维建模技术:从产品的零部件结构设计,到产品的外观、人体美学设计;从正向设计制造到逆向工程、快速原型,都离不开三维建模,如图1-10所示。

产品外观造型设计　　　　　　　　　产品结构设计

产品加工　　　　　　　　　　　　工程分析

逆向工程(RE)　　　　　　　　　　快速原型(RP)

图 1-10

1.4　无处不在的三维建模

　　目前,三维建模技术已广泛应用于人类生活的各个领域,从工业产品(飞机、机械、电子、汽车、模具、仪表、轻工)的零件造型、装配造型和焊接设计、模具设计、电极设计、钣金设计等,到日常生活用品、服装、珠宝、鞋业、玩具、塑料制品、医疗设施、铭牌、包装、艺术品雕刻、考古等。

　　三维建模还广泛用于电影制作、三维动画、广告、各种模拟器及景物的实时漫游、娱乐游戏等领域。电影特技制作、布景制作等利用 CAD 技术,已有二十余年的历史,如《星球大战》、《侏罗纪公园》、《指环王》、《变形金刚》等科幻片,这是因为三维电脑动画可以营造出编剧人员想象出的各种特技,设计出人工不可能做到的布景,为观众营造一种新奇、古怪和难以想象的环境。电影《阿凡达》中用大量三维动画模拟了潘多拉星球上的奇异美景,让人仿佛身临其境。这些技术不仅节省了大量的人力、物力,降低了拍摄成本,而且还为现代科技研制新产品提供了思路;007系列电影中出现的间谍与反间谍虚拟设施,启发了新的影像监视产品的开发,促进了该领域的工业进展。

1.5　三维建模的历史、现状和未来

长久以来,工程设计与加工都基于二维工程图纸。计算机三维建模技术成熟,相关建模软件实用化后,这种局面被彻底改变了。

1.5.1　三维建模技术的发展史

在CAD技术发展初期,几何建模的目的仅限于计算机辅助绘图。随着计算机软、硬件技术的飞速发展,CAD技术也从二维平面绘图向三维产品建模发展,由此推动了三维建模技术的发展,产生了三维线框建模、曲面建模以及实体建模等三维几何建模技术,以及在实体建模基础上发展起来的特征建模、参数化建模技术。

图1-11显示了20世纪70—90年代产品三维建模技术的发展历程。曲面建模和实体建模的出现,使得描述单一零件的基本信息有了基础,基于统一的产品数字化模型,可进行分析和数控加工,从而实现了CAD/CAM集成。

图 1-11

目前,CAx软件系统大多支持曲面建模、实体建模、参数化建模、混合建模等建模技术。这些软件经过40年的发展、融合和消亡,形成了三大高端主流系统,即法国达索公司的CATIA、德国SIEMENS公司的Unigraphics(简称UG NX)和美国PTC公司的Pro/Engineer(简称Pro/E)。

1.5.2　三维建模系统的未来

三维建模是现代设计的主要技术工具,必将取代工程制图成为工程业界的"世界语"。如前所述,三维建模比二维图纸更加方便、直观,包含的信息更加完整、丰富,能轻松胜任许多二维图纸不能完成的工作,对于提升产品的创新、开发能力非常重要。

三维建模系统的主要发展方向如下:

● 标准化:主要体现在不同软件系统间的接口和数据格式标准化,以及行业标准零件数据库、非标准零件数据库和模具参数数据库等方面。

● 集成化:产品各种信息(如材质等)与三维建模系统的集成。

● 智能化:三维建模更人性化、智能化,如建模过程中的导航、推断、容错能力等。

● 网络化:包括硬件与软件的网络集成实现,各种通信协议及制造自动化协议,信息通信接口,系统操作控制策略等,是实现各种制造系统自动化的基础。目前许多大的 CAD/CAM 软件已具备基于 Internet 实现跨国界协同设计的能力。

● 专业化:从通用设计平台向专业设计转化,结合行业经验,实现知识融接。

● 真实感:在外观形状上更趋真实化,外观感受、物理特性上更加真实。

不论从技术发展方向还是政策导向上看,三维建模都将在现代设计制造业中占据举足轻重的地位,成为设计人员必备的技能之一。

1.6 如何学好三维建模技术

学好三维建模技术,首先要掌握三维建模的基础知识、基本原理、建模思路与基本技巧,其次要学会熟练使用至少一个三维建模软件,包括各种建模功能的使用原理、应用方法和操作方法。

基础知识、基本原理与建模思路是三维建模技术学习的重点,它是评价一个 CAD 工程师三维建模水平的主要依据。目前常用 CAD 软件的基本功能大同小异,因此对于一般产品的三维建模,只要掌握了正确的建模方法、思路和技巧,采用何种 CAD 软件并不重要。掌握了三维建模的基本原理与正确思路,就如同学会了捕鱼的方法,学会了"渔"而不仅仅是得到一条"鱼"。

在学习三维建模软件时,也应避免只重视学习功能及操作方法的倾向,而应着重理解软件功能的整体组成结构、功能原理和应用背景,纲举而目张,这样才能真正掌握并灵活使用软件的各种功能。

同其他知识和技能的学习一样,掌握正确的学习方法对提高三维建模技术的学习效率和质量有十分重要的作用。那么,什么学习方法是正确的呢? 下面给出几点建议:

(1) 集中精力打歼灭战

在较短的时间内集中完成一个学习目标,并及时加以应用,避免马拉松式的学习。

(2) 正确把握学习重点

包括两方面含义:一是将基本原理、思路和应用技巧作为学习的重点;二是在学习软件建模功能时也应注重原理。对于一个高水平的 CAD 工程师而言,产品的建模过程实际上首先要在头脑中完成,其后的工作只是借助某种 CAD 软件将这一过程表现出来。

(3) 有选择地学习

CAD 软件功能相当丰富,学习时切忌面面俱到,应首先学习最基本、最常用的建模功能,尽快达到初步应用水平,然后再通过实践及后续的学习加以提高。

（4）对软件建模功能进行合理的分类

这样不仅可提高记忆效率，而且有助于从整体上把握软件功能的应用。

（5）培养规范的操作习惯

从一开始就注重培养规范的操作习惯，在操作学习中始终使用效率最高的操作方式。同时，应培养严谨、细致的工作作风，这一点往往比单纯学习技术更为重要。

（6）过程记录

将平时所遇到的问题、失误和学习要点记录下来，这种积累的过程就是水平不断提高的过程。

最后，学习三维建模技术和学习其他技术一样，要做到"在战略上藐视敌人，在战术上重视敌人"，既要对完成学习目标树立坚定的信心，又要脚踏实地地对待每一个学习环节。

1.7 思考与练习

1. 什么是三维建模技术？
2. 在现代工程技术中，为什么说三维建模技术是工程技术人员所必须具备的技能？
3. 三维建模技术与 CAD、CAM、CAE 等计算机辅助技术之间是什么关系？
4. 如何学好三维建模技术？

第2章 三维建模基础知识

学习三维建模,应首先了解三维建模的基础知识,包括相关概念、三维建模的种类、原理、图形交换标准等。本章涉及三维建模的背景知识很多,应重点理解三维建模的基本概念和相关知识,这些知识是所有三维建模软件共用的基础。

本章学习目标

- 了解图形及图形对象;
- 了解视图变换与物体变换;
- 了解常用的人机交互手段;
- 了解三维建模的种类(线框造型、曲面造型、实体造型等);
- 理解曲面造型原理和曲面造型功能;
- 了解图形交换标准;
- 了解三维建模系统的组成;
- 了解常用 CAD/CAM/CAE 分类;
- 了解常用 CAD/CAM/CAE 软件。

2.1 基本概念

三维建模是计算机绘图的一种方式。本节主要介绍三维建模相关的一些基本概念。

2.1.1 什么是维

"二维"、"三维"的"维",究竟是什么意思？简单地说,"维"就是用来描述物体的自由度数,点是零维的物体,线是一维的物体,面是二维的物体,体是三维的物体。

可以这样理解形体的"维":想象一个蚂蚁沿着曲线爬行,无论曲线是直线、平面曲线还是空间曲线,蚂蚁都只能前进或者后退,即曲线的自由度是一维的。如果蚂蚁在一个面上爬行,则无论面是平面还是曲面,蚂蚁可以有前后、左右两个方向可以选择,即曲面的自由度是二维的。如果一只蜜蜂在封闭的体空间内飞行,则它可以选择上下、左右、前后三个方向飞,即体的自由度是三维的。

那么,"二维绘图"、"三维建模"中的"维",与图形对象的"维"是一回事吗？答案是否定的。二维绘图和三维建模中"维"的概念是指绘制图形所在的空间的维数,而非图形对象的维数。比如二维绘图只能在二维空间制图,图形对象只能是零维的点、一维的直线、一维的平面曲线等,二维图形对象只有区域填充,没有空间曲线、曲面、体等图形对象。而三维建模是在三维空间建立模型,图形对象可以是任何维度的图形对象,包括点、线、面、体。

2.1.2 图形与图像

什么是图形？计算机图形学中研究的图形是从客观世界物体中抽象出来的、带有灰度或色彩及形状的图或形，由点、线、面、体等几何要素和明暗、灰度、色彩等非几何要素构成，与数学中研究的图形有所区别。

计算机技术中，根据对图和形表达方式的不同，衍生出了计算机图形学和计算机图像处理技术两个学科，它们分别对图形和图像进行研究。

表 2-1 列出了图形与图像的区别。

表 2-1

比较项目	图 形	图 像
表达方式	矢量，方程	光栅，点阵，像素
理论基础	计算机图形学	计算机图像处理
原理	以图形的形状参数与属性参数来表示；形状参数可以是描述图形形状的方程的系数、线段的起止点等；属性参数则包括灰度、色彩、线型等非几何属性	用具有灰度或色彩的点阵来表示，每个点有各自的颜色或灰度，可以理解为由色块拼合而成的图形
维数	任意维形体，包括零维的点、一维的线、二维的面、三维的体	平面图像，由色块拼合而成，没有点、线、面、体的形体概念
直观的理解	数学方程描述的形体	所有印刷品、绘画作品、照片等
原始效果		
放大后的效果		
进一步放大后的局部效果		
旋转	可以绕任意轴、任意点旋转	只能在图像平面内旋转
软件	FreeHand、所有的 CAD 软件等	Paint、Photoshop 等

提示：

了解图像与图形的意义非常重要。图像表达的对象可以是三维的，但是表达方式只能是二维的；图形则完整地表达了对象的所有三维信息，可以对图形作变换视点、绕任意轴旋转等操作。

计算机图形学的主要研究对象是图形，研究计算机对图形的输入、生成、显示、输出、变换以及图形的组合、分解和运算等处理，是开发 CAD 软件平台的重要基础。使用 CAD 软件完成工作时，虽然不需要关注 CAD 软件本身的实现方法，但是理解其实现的机理对充分使用软件、合理规划任务还是很有帮助的。更多的相关技术知识可以参考计算机图形学方面的书籍。

2.1.3 图形对象

CAD 软件中涉及的图形对象主要有点、线、面、体。

1. 点

点是零维的几何形体。CAD 中的点一般可分为两类:一类是真实的"点"对象,可以对它执行建立、编辑、删除等操作;另外一类是指图形对象的"控制点",如线段的端点、中点,圆弧的圆心、四分点等,这些"点"虽然可以用鼠标选中,但并不是真实的点对象,无须专门建立,也没有办法删除。这两类点初学者很容易混淆。

2. 线

线是一维的几何形体,一般分为直线和曲线。

直线一般用二元一次方程 $Ax+By+C=0$ 表达。可以通过指定两个端点(鼠标点选或者输入两个端点坐标)、一个端点和一个斜率等方式确定直线。

曲线包括二维平面曲线和三维空间曲线。二维平面曲线又有基本曲线和自由曲线之分。基本曲线是可用二元二次方程 $Ax^2+By^2+Cxy+Dx+Ey+F=0$ 表达的曲线,曲线上的点严格满足曲线方程,圆、椭圆、抛物线、双曲线都是基本曲线的特例。自由形状曲线是一种解析表达的曲线,通过给定的若干离散的控制点控制曲线的形状。控制点可以是曲线的通过点,也可以是构成控制曲线形状的控制多边形的控制点,还可以是拟合线上的点。常见的自由形状曲线有 Ferguson 曲线、Bezier 曲线、B 样条曲线和 NURBS 曲线等。

3. 面

面是二维的几何形体,分为平面和曲面。

平面的表达和生成比较容易理解,需要注意的是,平面(Plain)是二维对象,与物体表面(Surface)不是同一概念,如长方体的六个表面并不是平面对象,不能创建、编辑或删除,建立六个平面并不等于一个长方体。

曲面常被称为片体(Sheet),是没有厚度的二维几何体。曲面功能是否丰富是衡量 CAD 软件功能的重要依据之一。与曲线类似,曲面也分为基本曲面和自由曲面。基本曲面可通过确定的方程描述,如圆柱面、圆锥面、双曲面等。自由曲面虽然没有严格的方程,但可以通过解析法表达,常见的有 Coons 曲面、Bezier 曲面、B 样条曲面和 NURBS 曲面等。

4. 体

体是三维的几何形体。三维造型的目的就是建立三维形体。

建立三维形体时,通常在基本形体或者它们的布尔操作的基础上,增加材料(如加凸台、凸垫等)或减去材料(开孔、槽等),然后进行一些细节处理(如倒角、抽壳等),最终形成最后的形状。

基本形体可以是基本体素,如块(Block)、柱(Cylinder)、锥(Cone)、球(Sphere)等;也可以是二维形体经过扫描操作而形成的三维形体。

2.1.4 视图变换与物体变换

任何 CAD 软件都提供在屏幕上缩放、平移、旋转所绘制的图形对象的功能。正如工程制图中的局部放大图,物体的细节被放大了,但是其真实尺寸并没有被放大一样,缩放、平移、旋转操作也不会改变物体本身的形状大小和相对位置,只是从视觉上对物体进行不同的观察。在屏幕上缩放物体,相当于改变观察点与物体间的距离,模拟了视点距离物体远近的观察效果;旋转屏幕中的物体,相当于改变视点与物体的相对方位,或者视点不变旋转物体,或者物体不动转动观察点。这些操作都不会改变物体的真实情况,称为视图变换。

那么如果要改变物体的真实形状、尺寸,又该如何操作呢?

通常,CAD软件都提供坐标变换(Transform)功能,以实现物体的缩放、旋转、平移、拷贝、移动、阵列等操作。这些操作真实作用于物体,会改变物体的真实形状,称为物体变换,它与视图变换有本质区别。

 提示:

> 视图变换与物体变换虽然本质上不同,但是实现方法是相同的,都是坐标变换。视图变换是基于显示坐标系的变换,相当于改变观察物体的视点(距离或方位);物体变换则是基于物体在真实世界中的世界坐标系进行变换,真实改变了物体的尺寸和形状。

2.1.5 人机交互

设计意图必须借助某种方式传递到计算机,计算机反馈的信息也必须借助某种方式被人类理解,这种方式就是人机交互,其实现必须借助于交互技术。

人机交互实际上是计算机的输入/输出技术。计算机的输入设备通常有键盘、鼠标、扫描仪、光笔/数字化仪等,输出设备主要有图形显示器和图形绘制设备(打印机、绘图仪等)。

人机交互的主要工具是鼠标、键盘和显示器。对应的交互操作有拾取、输入和显示。

● 拾取:用鼠标选取计算机显示器上的对象,如菜单选择、对话框选择、工具栏及其工具选择、图形对象选择等。

● 输入:用键盘输入各种文字数据,如命令输入、文档书写、参数输入等。

● 显示:显示器显示操作的结果。所有交互操作,如拾取和输入,在屏幕上都应有反应,如命令提示、对象高亮、输入回显、操作结果显示等。

交互操作的手段虽然只有三种,但是可以衍生很多交互功能,包括功能交互选择、图形交互操作等。图形交互操作如选择图形对象、定位图形对象、定向图形对象、显示图形对象等,这些交互功能往往是拾取、输入和显示操作的组合。

2.2 三维建模种类

根据三维建模在计算机上的实现技术不同,三维建模可以分为线框建模、曲面建模、实体建模等类型,如图2-1所示。其中实体建模在完成几何建模的基础上,又衍生出一些建模类型,如特征建模、参数化建模和变量化建模等。

2.2.1 特征建模

特征建模从实体建模技术发展而来,是根据产品的特征进行建模的技术。特征的概念在很长一段时间都没有非常明确的定义。一般认为,特征是指描述产品的信息集合,主要包括产品的形状特征、精度特征、技术特征、材料特征等,兼有形状和功能两种属性。例如,"孔"和"圆台"的形状都是圆柱形,建模时加入"孔"将减去目标体的材料,加入"圆台"则在目标体上增加材料,它们都不仅仅包含形状信息,因而属于特征。

线框模型、曲面模型和实体模型都只能描述产品的几何形状信息,难以在模型中表达特

|(a)线框造型|(b)曲面造型|(c)实体造型|

图 2-1

征及公差、精度、表面粗糙度和材料热处理等工艺信息,也不能表达设计意图。要进行后续的计算机辅助分析与加工,必须借助另外的工具。而特征模型不仅可以提供产品的几何信息,而且还可以提供产品的各种功能性信息,使得 CAx 各应用系统可以直接从特征模型中抽取所需的信息。

特征建模技术使得产品的设计工作在更高的层次上进行,设计人员的操作对象不再是原始的线条和体素,而是产品的功能要素。例如,"孔"特征不仅描述了孔的大小、定位等几何信息,还包含了与父几何体之间安放表面、去除材料等信息,特征的引用直接体现了设计意图,使得建立的产品模型更容易理解,便于组织生产,为开发新一代、基于统一产品信息模型的 CAD/CAM/CAPP 集成系统创造了条件。

以特征为基础的建模方法是 CAD 建模方法的一个里程碑,它可以充分提供制造所需要的几何数据,从而可用于对制造可行性方案的评价、功能分析、过程选择、工艺过程设计等。因此可以说,把设计和生产过程紧密结合,有良好的发展前景。

🔘 提示:

由于线框建模功能有限,而特征建模尚处于进一步的研究当中,因此现有的 CAD/CAM 软件均主要采用曲面建模和实体建模两种方式,有时也称为"混合建模"。

2.2.2 参数化建模

参数化设计(Parametric Design)和变量化设计(Variational Design)是基于约束的设计方法的两种主要形式。其共同点在于:它们都能处理设计人员通过交互方式添加到零件模型中的约束关系,并具有在约束参数变动时自动更新图形的能力,使得设计人员不用自己考虑如何更新几何模型以符合设计上要求的约束关系。

目前,参数化建模能处理的几何约束类型基本上是组成产品形体的几何实体公称尺寸关系和尺寸之间的工程关系,因此,参数化建模技术又称尺寸驱动几何技术。如图 2-2 所示的螺帽属于标准化系列产品,主要尺寸都依赖于模数 m,当 m 改变时,其他尺寸相关变化,模型也跟着变化。这类系列化、结构类似的产品,采用参数化建模很有优势,一般最常用于系列化标准件的建模。

螺距、螺纹角度

直径

高

图 2-2

2.2.3 变量化建模

与此相关的技术还有变量化设计技术(Variational Design),它为设计对象的修改提供更大的自由度,允许存在尺寸欠约束,即建模之初可以不用每个结构尺寸、几何约束都十分明确,这种方式更加接近人们的设计思维习惯,因为设计新产品时,人们脑海中首先考虑的是产品形状、结构和功能,具体尺寸在设计深入展开时才会逐步细化,因此变量化设计过程相对参数化设计过程较宽松。

变量驱动进一步扩展了尺寸驱动技术,使设计对象的修改更加自由,为 CAD 技术带来新的革命。目前流行的 CAD/CAM 软件 CATIA、UG、PRO/E 都采用变量化建模。

2.3　图形交换标准

不同的 CAD 软件各有优势,企业通常同时采用多种 CAD 软件完成不同的工作,如在 UG NX 中完成部分造型工作,然后再在 CATIA 中完成另外一部分造型工作;或者在 UG NX 中完成产品三维造型,然后导入 ANSYS 等分析软件中进行分析等,这些都涉及不同软件间的数据交换问题。

不同的 CAD 系统产生不同数据格式的数据文件。为了在不同的 CAD 平台上进行数据交换,规定了图形数据交换标准。常用的图形数据交换标准分为二维图形交换标准和三维图形交换标准,二维图形交换标准有基于二维图纸的 DXF 数据文件格式;三维图形交换标准有基于曲面的 IGES 图形数据交换标准、基于实体的 STEP 标准以及基于小平面的 STL 标准等。

2.3.1 二维图形交换标准(DXF)

DXF(Data Exchange File)是二维 CAD 软件 AutoCAD 系统的图形数据文件格式。DXF 虽然不是标准,但由于 AutoCAD 系统在二维绘图领域的普遍应用,使得 DXF 成为事实上的二维数据交换标准。DXF 是具有专门格式的 ASCII 码文本文件,它易于被其他程序处理,主要用于实现高级语言编写的程序与 AutoCAD 系统的连接,或其他 CAD 系统与 AutoCAD 系统交换图形文件。

2.3.2 初始图形信息交换规范(IGES)

IGES(Initial Graphics Exchange Specification,初始图形信息交换规范)是基于曲面的图形交换标准,1980 年由美国国家标准局 ANSI 发布,目前在工业界应用最广泛,是不同的 CAD/CAM 系统之间图形信息交换的一种重要规范。

IGES 定义了一种"中性格式"文件,这种文件相当于一个翻译。在要转换的 CAx 软件系统中,把文件转换成 IGES 格式文件导出,其他 CAx 软件通过读入这种 IGES 格式的文件,翻译成本系统的文件格式,由此实现数据交换。这种结构方法非常适合在异种机之间或不同的 CAx 系统间进行数据交换,因此目前绝大多数 CAx 系统都提供读、写 IGES 文件的接口。

由于 IGES 定义的实体主要是几何图形信息,输出形式面向人们理解而非面向计算机,因此不利于系统集成。更为致命的缺陷是,IGES 数据转换过程中,经常出现信息丢失与畸变问题。另外,IGES 文件占用存储空间较大,虽然如今硬盘容量的限制不是很大的问题,但会影响数据传输和处理的效率。

尽管如此,IGES 仍然是目前各国广泛使用的事实上的国际标准数据交换格式,我国于1993 年 9 月起将 IGES3.0 作为国家推荐标准。

 提示:

IGES 无法转换实体信息,只能转换三维形体的表面信息,例如一个立方体经 IGES 转换后,不再是立方体,而是只包含立方体的六个面。

2.3.3 产品模型数据交换标准(STEP)

STEP(Standard for the Exchange of Product model Data,产品模型数据交换标准)是三维实体图形交换标准,是一个产品模型数据的表达和交换的标准体系,1992 年由 ISO 制定颁布。产品在各个过程产生的信息量大,数据关系复杂,而且分散在不同的部门和地方。这就要求这些产品信息以计算机能理解的形式表示,而且在不同的计算机系统之间进行交换时保持一致和完整。产品数据的表达和交换,构成了 STEP 标准。STEP 把产品信息的表达和用于数据交换的实现方法区分开来。

STEP 采用统一的产品数据模型,为产品数据的表示与通信提供一种中性数据格式,能够描述产品整个生命周期中的所有产品数据,因而 STEP 标准的产品模型完整地表达了产品的设计、制造、使用、维护、报废等信息,为下达生产任务、直接质量控制、测试和进行产品支持等功能提供全面的信息,并独立于处理这种数据格式的应用软件。

STEP 较好地解决了 IGES 的不足,能满足 CAx 集成和 CIMS 的需要,将广泛地应用于工业、工程等各个领域,有望成为 CAx 系统及其集成的数据交换主流标准。

STEP 标准存在的问题是整个体系极其庞大,标准的制订过程进展缓慢,数据文件比 IGES 更大。

2.3.4 3D 模型文件格式(STL)

STL 文件格式最早是快速成型(RP)领域中的接口标准,现已被广泛应用于各种三维造型软件中,很多主流的商用三维造型软件都支持 STL 文件的输入输出。STL 模型将原来的模型转化为三角面片的形式,以三角面片的集合来逼近表示物体外轮廓形状,其中每个三角形面片由四个数据项表示,即三角形的三个顶点坐标和三角形面片的外法线矢量。STL 文件即为多个三角形面片的集合。目前 STL 文件格式在逆向工程(RE)中也很常用,如实物经三维数字化测量扫描所得的数据文件常常是 STL 格式。

2.3.5 其他图形格式转换

在使用三维造型软件时,还经常遇见 Parasolid、CGM 和 VRML 等图形文件格式,它们有各自的图形核心标准。图形核心标准是计算机绘图的图形库,相关内容参见有关书籍。

很多大型 CAD/CAX 软件不仅提供标准格式的导入/导出,还直接提供了输入/输出其他 CAD 软件的文件格式。如图 2-3 所示是 UG NX 中导入/导出其他文件格式的菜单。UG NX 除了直接支持一些常用的 CAD/CAM 软件的文件格式,如 CATIA、Pro/E 外,还支持 Parasolid、CGM 和 VRML 等。

图 2-3

● Parasolid 是 UG NX 的图形核心库,包含了绘制和处理各种图形的库函数。有关图形核心库及其相关标准,读者可参见其他有关书籍及资料。

● CGM(Computer Graphics Metafile,计算机图形图元文件)包含矢量信息和位图信息,是许多组织和政府机构(包括英国标准协会(BSI)、美国国家标准化协会(ANSI)和美国国防部等使用的国际性标准化文件格式。CGM 能处理所有的三维编码,并解释和支持所有元素,完全支持三维线框模型、尺寸、图形块等输出。目前所有的 Word 软件都能支持这种格式。

● VRML(Virtual Reality Modeling Language,虚拟现实造型语言)定义了一种把三维图形和多媒体集成在一起的文件格式。从语法角度看,VRML 文件显式地定义已组织起来的三维多媒体对象集合;从语义角度看,VRML 文件描述的是基于时间的交互式三维多媒体信息的抽象功能行为。VRML 文件的解释、执行和呈现通过浏览器实现。

2.4　三维建模系统的组成

三维建模系统是 CAx 软件的基础和核心,常常通过 CAx 软件体现其价值。图 2-4 显示了 CAD 系统的组成。

图 2-4

三维建模系统的组成与此类似,主要由计算机硬件与软件组成,硬件包括计算机、绘图仪、打印机、网络等平台;软件包括系统软件、支撑软件和应用软件等,包括操作系统、网络协议、数据库管理系统(DBMS)、CAD 软件(包括三维建模软件)以及在 CAD 软件基础上开发的各种工程应用软件系统。图 2-4 不仅体现了三维建模系统的组成,也体现了三维建模系统在整个系统中所处的位置。

2.5　CAD/CAM/CAE 软件分类

CAD/CAM/CAE 软件种类众多,功能丰富,按照软件的应用领域,可以分为工业造型设计、机械设计与制造、行业专用软件等。

● 工业造型设计软件(包括电影动画制作软件):3ds max、Rhino、Maya 等。

● 机械设计与制造类软件(包括模具设计制造软件):此类软件数量众多,如 UG NX、Pro/E、CATIA、SolidEdge、SolidWorks、Delcom 系列、Cimatron、Inventor 等。

● 行业专用软件:针对行业的专用 CAD/CAM 软件,如服装面料设计、款式设计软件(ET、格柏、PGM、富怡 等);鞋类设计软件(DIMENSIONS、SHOECAM、FORMA、SHOEMAGIC、SHOE-MAKER 等);雕刻软件(Type3、ARTCAM 等)。

其中,机械设计与制造类软件应用最广。

2.6 常用 CAD/CAM/CAE 软件简介

CAx 软件通常起源于工程应用,一般最初都是一些大型企业为了自身产品设计需要而研制的,以后逐渐发展为独立的信息系统公司,软件逐步商品化。例如,UG NX 软件最初由美国麦道(MD)公司开发,CATIA 由法国达索(Dassualt)飞机公司开发,I-DEAS 软件由美国航空及宇航局(NASA)支持。这些软件经过近 40 年的不断融合与发展,逐渐形成了以下几个主流软件。

2.6.1 CATIA

CATIA 软件是法国达索系统公司的 CAD/CAM/CAE 一体化软件,居世界 CAD/CAM/CAE 领域的领导地位,因其强大的曲面设计功能,在飞机、汽车、轮船等行业享有很高的声誉。

CATIA V5 版本基于微机平台,曲面设计能力强大,功能丰富,可对产品开发过程中的概念设计、详细设计、工程分析、成品定义和制造乃至成品在整个生命周期中的使用和维护等各个方面进行仿真,并能够实现工程人员间的电子通信。

CATIA 包括机械设计、工业造型设计、分析仿真、厂矿设计、产品总成、加工制造、设计与系统工程等功能模块,可以供用户选择购买,如创成式工程绘图系统 GDR、交互式工程绘图系统 ID1、装配设计 ASD、零件设计 PDG、线架和曲面造型 WSF 等,这些模块组合成不同的软件包,如机械设计包 P1、混合设计包 P2 和机械工程包 P3 等。P3 功能最强,适合航空、航天、汽车整车厂等用户,通常一般企业选 P2 软件包即可。

CATIA 源于航空航天业,但其强大的功能得到各行业的认可,如在欧洲汽车业,CATIA 已成为事实上的标准。目前,CATIA 广泛应用于航空航天、汽车制造、造船、机械制造、电子/电器、消费品行业,几乎涵盖了所有的制造业产品。

2.6.2 I-DEAS

I-DEAS 软件最初由美国 SDRC 公司研制,目前属于德国西门子公司。

I-DEAS 最初从结构化分析起家,后来逐步形成了涵盖 CAD、CAM、CAE、PDM 全过程的集成软件系统,以动态导引器和 VGX(超变量几何)技术著名,分析功能尤其卓越,能解决大部分工程问题。I-DEAS 界面友好,导航功能操作方便,VGX 技术对建模技术产生较大影响。

I-DEAS Master Series 9 版本是工业界最完善的机械 CAD/CAM/CAE 系统之一,由 70 多个紧密集成的模块组成,覆盖产品设计、绘图、仿真、测试、加工制造等整个产品开发过程,功能强大且易于使用。主要功能模块包括核心功能(实体造型和建模、曲面造型、装配等)、工程设计、项目组管理、工程分析和加工。

I-DEAS 软件主要应用于航空航天、汽车、家电产品以及工业制造业。

2.6.3 Pro/ENGINEER

Pro/ENGINEER(简称 Pro/E)是美国 Parametric Technology Crop(PTC)公司的产品,Pro/E 以其参数化、基于特征、全相关等概念闻名于 CAD 界,操作较简单,功能丰富。

Pro/E 基本功能包括三维实体建模和曲面建模、钣金设计、装配设计、基本曲面设计、焊接设计、二维工程图绘制、机构设计、标准模型检查及渲染造型等,并提供大量的工业标准及直接转换接口,可进行零件设计、产品装配、数控加工、钣金件设计、铸造件设计、模具设计、机构分析、有限元分析和产品数据管理、应力分析、逆向工程设计等。

Pro/E 广泛应用于汽车、机械及模具、消费品、高科技电子等领域,在我国应用较广。Pro/E 的主要客户有空客、三菱汽车、施耐德电气、现代起亚、大长江集团、龙记集团、大众汽车、丰田汽车、阿尔卡特等。

2.6.4 UG NX

UG 是 Unigraphics 的简称,起源于美国麦道航空公司,目前属于德国西门子公司(具体请参看本书"第 3 章 UG NX 软件概述",此处不再赘述)。

2.6.5 SolidEdge

SolidEdge 是 UGS 公司的中档 CAD 软件产品,目前归属德国西门子公司。SolidEdge 基于 Windows 操作系统,主要包括实体造型、装配、模塑加强、钣金及绘图等模块,在汽车、电子等企业的零配件设计方面拥有广泛的用户团体,客户包括 Alcoa、NEC Engineering、Volvo 等。

2.6.6 SolidWorks

SolidWorks 与 SolidEdge 软件属于同等档次的软件,原属于 SolidWorks 公司,1997 年被达索公司收购。SolidWorks 软件是基于 Windows 的微机版特征造型软件,能完成造型、装配、制图等功能,用户界面友好,易学易用,价格适中,适合中小型工业企业选购。

2.6.7 Cimatron

Cimatron 软件是以色列 Cimatron 公司的产品,是工模具行业中非常有竞争实力的 CAD/CAM 软件,也是全球最强的电极设计和加工软件之一,其微铣削功能较有特色。主要应用于汽车、航空航天、计算机、电子、消费类商品、医药、军事、光学仪器、通信产品和玩具等领域。主要客户包括福特、尼桑、三菱、通用、一汽大众、长春客车、海尔集团、春兰空调等著名企业。

2.6.8 Mastercam

Mastercam 软件是美国 CNC 公司的产品。Mastercam 基于 PC 平台,可以完成形体几何造型、曲面加工编程、刀具路径校验、后处理等工作,在模具加工行业拥有众多客户。

2.7 如何选用合适的软件

CAD/CAM/CAE 软件由于应用广泛,呈现出百花齐放的局面,一方面为不同特色的软件提供了应用土壤,另一方面也为企业选用合适的软件产品带来了一定的困惑。在一个企业中,存在多种 CAD 软件是十分常见的。

目前市场上流行的 CAD/CAM/CAE 软件,是经历了无数次兼并融合发展的结果,每个软件都有其特点,功能十分丰富。但是,软件只是工具,如同手绘图纸中的笔和尺,最终要应用到各个领域才能体现价值。企业必须选择合适的软件,并能用软件解决实际问题。

如何选择软件呢? CAD/CAM/CAE 软件通常价格较高,一旦选定后不可能经常更换,因此选择软件是比较慎重的事情。一般,选择软件首先必须以适用为原则,同时考虑软件的价格、扩充性、配套和售后服务等因素。具体地,主要应从以下几个方面考虑:

● 考虑软件功能、硬件要求、使用起点等因素,选择适合本行业产品的特点和需求的软件,不唯软件论。例如,汽车、摩托车等产品对曲面造型、数控加工要求较高,因此该类产品的生产企业和配套企业大多选用 UG NX 或 CATIA 软件;而对一些系列化、标准化的通用产品开发,Pro/E 也是常见的选择。

● 考虑企业应用需求扩充的可能性,选择软件应略有前瞻性。例如原先主要做加工的企业,以后可能涉及一部分设计工作,选择软件时就不能只选择面向加工的软件。

● 考虑软件的行业普及性。为大型企业提供外包和配套生产的企业,常常被要求采用与其相同的 CAD/CAM 软件,选择软件时应特别注意。另一方面,应用面较广的软件在配套资料、软件培训、售后服务等方面通常也有较大优势。

● 注意软件的发展趋势,考虑软件提供商软件开发、升级方面的投入,尽量选择发展前景较好、可持续性发展的软件。

● 价格因素。应根据自身的经济能力,综合考虑软件的性价比来选择合适的软件。

值得注意的是,各种软件的核心功能往往大同小异,而这些功能已经能够满足大多数产品的建模要求。掌握三维建模技术的关键并不在于软件的功能及其操作是否熟练,而在于是否能够掌握正确的建模思路和技巧,灵活运用这些功能进行建模。因此,软件的使用人员要不断提高自己使用软件的水平,灵活运用软件提供的功能解决实际问题。

2.8 思考与练习

1. 什么是形体的"维"? 空间曲线为什么是一维图形对象? 曲面为什么是二维图形对象?

2. 三维建模系统由哪些部分组成?

3. 图形与图像有什么区别?

4. 在计算机屏幕上缩放图形会改变形体的大小吗? 怎样才能真正改变形体的大小?

5. 三维建模与二维制图是什么关系?

6. 三维建模技术有哪些流派?

7. 在一个 CAD 软件上建立的三维模型能够被另外的 CAD 软件识别吗? 怎样识别?

8. 常用的 CAD/CAM 软件有哪些? 各有什么特点? 主要应用于哪些领域?

9. 选择 CAD/CAM 软件应考虑哪些因素?

第3章　UG NX 软件概述

UG NX 是通用的、功能强大的三维机械 CAD/CAM/CAE 集成软件。本章主要介绍了 UG NX 软件的发展历史、技术特点、常用工作模块以及运用 UG NX 进行产品建模的一般流程等。

本章学习目标

- 了解 UG NX 软件的发展历史；
- 了解 UG NX 软件的技术特点；
- 了解 UG NX 软件的常用功能模块；
- 了解 UG NX 的设计流程。

3.1　UG NX 软件简介

UG 是 Unigraphics 的简称，起源于美国麦道航空公司，UG NX 是在 UG 软件基础上发展起来的。UG NX 目前属于德国西门子公司，网站 www. ugs. com（英文）、www. ugs. com. cn（中文）。

UG NX 软件集 CAD/CAM/CAE/PDM/PLM 于一体，CAD 功能使工程设计及制图完全自动化；CAM 功能内含大量数控编程库（机床库、刀具库等），数控加工仿真、编程和后处理比较方便；CAE 功能提供了产品、装配和部件性能模拟能力；PDM/PLM 帮助管理产品数据和整个生命周期中的设计重用。

UG NX 软件广泛应用于航空航天、汽车、机械及模具、消费品、高科技电子等领域的产品设计、分析及制造，被认为是业界最具有代表性的数控软件和模具设计软件。

UG NX 软件的主要客户包括 BE Aerospace、波音、英国航空公司、丰田、福特、通用、尼桑、三菱、夏普、日立、诺基亚、东芝、西门子、富士通、索尼、三洋、飞利浦、克莱斯勒、宝马、奔驰等世界著名企业。

3.2　UG NX 软件的发展历史

UG 的问世到现在经历了几十年，在这短短几十年里，UG NX 软件发生了翻天覆地的变化。主要历程如下：

1960 年，McDonnell Douglas Automation（现在的波音公司）公司成立。

1976 年,收购了 Unigraphics CAD/CAE/CAM 系统的开发商——United Computer 公司,UG 的雏形问世。

1983 年,UG 上市。

1989 年,Unigraphics 宣布支持 UNIX 平台及开放系统的结构,并将一个新的与 STEP 标准兼容的三维实体建模核心 Parasolid 引入 UG。

1993 年,Unigraphics 引入复合建模的概念,可以实体建模、曲线建模、框线建模、半参数化及参数化建模融为一体。

1996 年,Unigraphics 发布了能自动进行干涉检查的高级装配功能模块、最先进的 CAM 模块以及具有 A 类曲线造型能力的工业造型模块:它在全球迅猛发展,占领了巨大的市场份额,已经成为高端及商业 CAD/CAE/CAM 应用开发的常用软件。

1997 年,Unigraphics 新增了包括 WEAV(几何连接器)在内的一系列工业领先的新增功能。WEAV 这一功能可以定义、控制、评估产品模板,被认为是在未来几年中业界最有影响的新技术。

2000 年,Unigraphics 发布了新版本的 UG17,使 UGS 成为工业界第一个可以装载包含深层嵌入"基于工程知识"(KBE)语言的世界级 MCAD 软件产品的供应商。

2002 年,Unigraphics 发布了 UG NX1.0. 新版本继承了 UG18 的优点,改进和增加了许多功能,使其功能更强大,更完美。

2003 年,Unigraphics 发布了新版本 UG NX2.0。新版本基于最新的行业标准,它是一个全新支持 PLM 的体系结构。EDS 公司同其主要客户一起,设计了这样一个先进的体系结构,用于支持完整的产品工程。

2008 年 06 月,Siemens PLM Software 发布 NX6.0,建立在新的同步建模技术基础之上的 NX 6 将在市场上产生重大影响。同步建模技术的发布标志着 NX 的一个重要里程碑,并且向 MCAD 市场展示 Siemens 的郑重承诺。NX 6 将为我们的重要客户提供极大的生产力提高。

2009 年 10 月,西门子工业自动化业务部旗下机构、全球领先的产品生命周期管理(PLM)软件与服务提供商 Siemens PLM Software 宣布推出其旗舰数字化产品开发解决方案 NX 软件的最新版。NX 7.0 引入了"HD3D"(三维精确描述)功能,即一个开放、直观的可视化环境,有助于全球产品开发团队充分发掘 PLM 信息的价值,并显著提升其制定卓有成效的产品决策的能力。此外,NX 7.0 还新增了同步建模技术的增强功能。

3.3　UG NX 软件的技术特点

UG NX 不仅具有强大的实体造型、曲面造型、虚拟装配和产生工程图的设计功能,而且在设计过程中可以进行机构运动分析、动力学分析和仿真模拟,提高了设计的精确度和可靠性。同时、可用生成的三维模型直接生成数控代码,用于产品的加工,其处理程序支持多种类型的数控机床。另外、它所提供的二次开发语言 UG/OPEN GRIP、UG/OPENAPI 简单易学,实现功能多,便于用户开发专用的 CAD 系统。具体来说,该软件具有以下特点:

(1)具有统一的数据库,真正实现了 CAD/CAE/CAM 各模块之间数据交换的无缝接

合,可实施并行工程;

(2)采用复合建模技术,可将实体建模、曲面建模、线框建模、显示几何建模与参数化建模融为一体;

(3)基于特征(如:孔、凸台、型腔、沟槽、倒角等)的建模和编辑方法作为实体造型的基础,形象直观,类似于工程师传统的设计方法,并能用参数驱动;

(4)曲线设计采用非均匀有理B样线条作为基础,可用多样方法生成复杂的曲面,特别适合于汽车、飞机、船舶、汽轮机叶片等外形复杂的曲面设计;

(5)出图功能强,可以十分方便地从三维实体模型直接生成二维工程图。能按ISO标准标注名义尺寸、尺寸公差、形位公差汉字说明等,并能直接对实体进行局部剖、旋转剖、阶梯剖和轴测图挖切等,生成各种剖视图,增强了绘图功能的实用性;

(6)以Parasolid为实体建模核心,实体造型功能处于领先地位。目前著名的CAD/CAE/CAM软件均以此作为实体造型的基础;

(7)内嵌模具设计导引MoldWizard,提供注塑模向导、级进模向导、电极设计等,是模具业的首选;

(8)提供了界面良好的二次开发工具GRIP和UFUNC,是UGNX的图形功能与高级语言的计算机功能紧密结合起来;

(9)具有良好的用户界面,绝大多数功能都可以通过图标实现,进行对象操作时,具有自动推理功能,同时在每个步骤中,都有相应的信息提示,便于用户做出正确的选择。

3.4 UG NX 软件的常用功能模块

UG NX 系统由大量的功能模块组成,这些模块几乎涵盖了CAD/CAM/CAE各种技术。常用模块如图3-1所示。本书主要介绍基本环境、建模、制图以及装配四个模块,其重点是建模模块。

图 3-1

1. 基本环境模块(Gateway)

启动 UG NX 后,首先进入的就是 Gateway 模块。Gateway 模块是 UG NX 的基础模块,它仅提供一些最基本的功能,如新建文件、打开文件,输入输出不同格式的文件、层的控制、视图定义等,因此是其他模块的基础。

2. 建模模块(Modeling)

该模块提供了构建三维模型的工具,包括:曲线工具、草图工具、成形特征、特征操作、曲面工具等。曲线工具、草图工具通常用来构建线框图;特征工具则完全整合基于约束的特征建模和显示几何建模的特性,因此可以自由使用各种特征实体、线框架构等功能;曲面工具是架构在融合了实体建模及曲面建模技术基础之上的超强设计工具,从而能设计出如工业造型设计产品般的复杂曲面外形。

3. 制图模块(Drafting)

该模块使设计人员能方便地获得与三维实体模型完全相关的二维工程图。三维模型的任何改变会同步更新工程图,不仅减少了因三维模型改变更新二维工程图的时间,而且能确保二维工程图与三维模型完全一致。

4. 装配模块(Assemblies)

该模块提供了并行的自上而下和自下而上的产品开发方法。在装配过程中可以进行零部件的设计、编辑、配对和定位,还可对硬干涉进行检查。

5. 结构分析模块(Structures)

该模块能将几何模型转换为有限元模型,可进行线性静力、标准模态与稳态热传递、线性屈曲分析,同时还支持对装配部件,包括间隙单元的分析,分析的结果可用于评估各种设计方案,优化产品设计,提高产品质量。

6. 运动仿真模块(Motion Simulation)

该模块可对二维或三维机构进行运动学分析、动力学分析和设计仿真,可以完成大量的装配分析,如干涉检查、轨迹包络等;还可以分析反作用力,并用图表示各构件位移、速度加速度的相互关系等。

7. 注塑流动分析模块(MoldFlow Part Adviser)

使用该模型可以帮助模具设计人员确定注塑模的设计是否合理,检查出不合适的注塑模几何体并予以修正。

3.5 UG NX 工作流程

UG NX 的工作流程如下:

(1)启动 UG NX。以 UG NX 6.0 为例,选择菜单【开始】|【程序】|【UGS NX 6.0】|【NX 6.0】或双击桌面上的 UG NX 6.0 图标即可启动 UG NX。

(2)新建或打开 UG NX 文件。

(3)选择应用模块。UG NX 系统是由十几个模块所构成的。要调用具体的模块,只需在【应用】菜单或【标准】工具条的【开始】下拉菜单中选择相应的模块名称即可。

(4)选择具体的应用工具,并进行相关的设计。不同的模块具有不同的应用工具。通常

【建模】模块的应用工具通常分布在【插入】和【编辑】菜单中。例如曲线、实体特征、曲面特征等应用工具位于【插入】菜单下,相应曲线、实体特征、曲面特征的编辑工具位于【编辑】菜单下。

(5)保存文件。

(6)退出 UG NX 系统。

3.6 基于 UG NX 的产品设计流程

基于 UG NX 的产品设计流程,通常是先对产品的零部件进行三维造型,在此基础上再进行结构分析、运动分析等,然后再根据分析结果,对三维模型进行修正,最终将符合要求的产品模型定型。定型之后,可基于三维模型创建相应的工程图样,或进行模具设计和数控编程等。因此,用 UG NX 进行产品设计的基础和核心是构建产品的三维模型,而产品三维造型的构建其实质就是创建产品零部件的实体特征或片体特征。

实体特征通常由基本体素(如矩形、圆柱体等)、扫描特征等构成,或在它们的基础上通过布尔运算后获得;对于扫描特征的创建,往往需要先用曲线工具或草图工具创建出相应的引导线与截面线,再利用实体工具来构建。

片体特征的创建,通常也需要先用曲线工具或草图工具创建好构成曲面的截面线和引导线,再利用曲面工具来构建。片体特征通过缝合、增厚等操作可创建实体特征;实体特征通过析出操作等也可以获得片体特征。

使用 UG NX 进行产品设计的一般流程如图 3-2 所示。

图 3-2

3.7 思考与练习

1. UG NX 软件有哪些技术特点?

2. UG NX 软件有哪些常用功能模块?各自的功能是什么?

3. 使用 UG NX 的一般流程包含哪些步骤?

第4章　草图绘制实例

草图与曲线功能相似,也是一个用来构建二维曲线轮廓的工具,其最大的特点是绘制二维图时只需先绘制出一个大致的轮廓,然后通过约束条件来精确定义图形。当约束条件改变时,轮廓曲线也自动发生改变,因而使用草图功能可以快捷、完整地表达设计者的意图。

草图是 UG NX 软件中建立参数化模型的一个重要工具。

本章将介绍如何创建草图与草图对象、约束草图对象、草图操作以及管理与编辑草图等方面的内容。

本章学习目标

- 了解草图环境及创建草图的一般步骤;
- 掌握创建草图与草图对象的方法;
- 了解内部草图与外部草图的区别;
- 掌握草图约束方法及技巧;
- 掌握草图操作工具和管理工具。

4.1　概　述

草图是 UG NX 中用于在部件内建立 2D 几何体的应用。一个草图就是一个被创建在指定平面上的已命名的二维曲线集合。可以利用草图来满足广泛的设计需求:

1)通过扫掠、拉伸或旋转一草图来创建一实体或一片体;

2)创建含有成百甚至上千个草图曲线的大比例 2D 概念布局;

3)创建一构造几何体,如一运动轨迹或一间隙弧,它们并非用于定于部件特征。

在一般建模中,草图的第一项作用最常用,即在草图的基础上,创建所需的各种特征。

4.1.1　草图与特征

草图在 UG NX 中被视为一种特征,每创建一个草图均会在部件导航器中添加一个草图特征,因此每添加一个草图,在部件导航器中就会添加相应的一个节点。部件导航器所支持的操作对草图也同样有效。

4.1.2　草图与层

草图位于创建草图时的工作层上,因此在创建草图前应设置好工作层。为保证工作空间的整洁,每个草图应分别放置在不同的图层。

当某一草图被激活时,系统自动将工作层切换到草图所在的图层。

当退出草图状态时,若图 4-2(b)所示的【保持图层状态】设置为关,系统会自动将工作层切换回草图激活前的工作层,否则草图所在层仍为工作层。

当曲线添加到激活的草图中时,这些曲线也被自动移至草图所在的图层。

4.1.3　草图功能简介

在 UG NX8.0 中,既可通过建模菜单中的【直接草图】工具条,在毋须进入草图环境下,对草图进行直接的绘制。也可与前几大版本相同,使用【任务环境中的草图】命令进入草图环境来制作草图。

如图 4-1 所示为直接草图工具条。在草图绘制的过程中可根据自我的需求,点击【在草图任务环境中】命令,可使草图重新回到草图环境中进行制作。由于直接草图与草图环境中的命令完全一致,本书将以草图环境为主,对草图功能展开解析。

图 4-1

草图功能总体上可以分为四类:创建草图对象、约束草图、对草图进行各种操作和草图管理。其实,这四项功能本质上就是应用【草图】和【草图工具】工具条上的命令进行的一系列操作。如利用【草图工具】上的命令在草图中创建草图对象(如一个多边形)、设置尺寸约束和几何约束等。当用户需要修改草图对象时,可以用【草图工具】中的命令进行一些操作(如镜像、拖曳等)。另外,还要用到“草图管理”(一般通过【草图】上的各种命令)对草图进行定位、显示和更新等。

4.1.4　草图参数预设置

草图参数预设置是指在绘制草图之前,设置一些操作规定。这些规定可以根据用户自己的要求而个性化设置,但是建议这些设置能体现一定的意义,如曲线的前缀名最好能体现出曲线的类型。

选择菜单【首选项】|【草图】,会弹出如图 4-2 所示的草图参数预设置对话框。

● 尺寸标签:标注尺寸的显示样式。共有三种方式:表达式、名称和值,如图 4-3 所示。

● 屏幕上固定文本高度:在缩放草图时会使尺寸文本维持恒定的大小。如果清除该选项并进行缩放,则会同时缩放尺寸文本和草图几何图形。

● 文本高度:标注尺寸的文本高度。

● 创建自动判断的约束:选择后将自动的创建一些可以由系统判断出来的约束。

● 捕捉角:设置捕捉角的大小。在绘制直线时,直线与 XC 或者 YC 轴之间的夹角小于捕捉角时,系统会自动将直线变为水平线或者垂直线,如图 4-4 所示。默认值为 3°,可以指定的最大值为 20°。如果不希望直线自动捕捉到水平或垂直位置,则将捕捉角设置为零。

(a) 草图样式选项卡　　　　　　　　　(b) 会话设置选项卡

图 4-2

(a) 表达式　　　　　　　(b) 名称　　　　　　　(c) 值

图 4-3

图 4-4

● 显示自由度箭头：选中该复选框，激活的草图以箭头的形式来显示自由度。

● 动态约束显示：选中该复选框，如果相关几何体很小，则不会显示约束符号。要忽略相关几何体的尺寸查看约束，可以关闭这个选项。

● 更改视图方位：选中该复选框，当草图被激活后，草图平面改变为视图平面；退出激活状态时，视图还原为草图被激活前的状态。

●保持图层状态：选中该复选框，激活一个草图时，草图所在的图层自动成为工作图层；退出激活状态时，工作图层还原到草图被激活前的图层。如果不选中该复选框，则当草图变为不激活状态时，这个草图所在的图层仍然是工作图层。

4.1.5 创建草图的一般步骤

绘制草图的一般步骤如下：

（1）新建或打开部件文件；

（2）检查和修改草图参数预设置；

（3）创建草图，进入草图环境；

（4）创建和编辑草图对象；

（5）定义约束；

（6）完成草图，退出草图生成器。

4.2 草图常用命令介绍

4.2.1 创建草图

在进入草图任务环境之前，必须先新建草图或打开已有的草图。单击【特征】工具条上的【任务环境中的草图】图标，弹出【创建草图】对话框。对话框中包含两种创建草图的类型：在平面上和基于路径。

1. 在平面上

在选定的基准平面、实体平面或以坐标系设定的平面上创建草图。图 4-5 所示的对话框中各选项的含义如下。

图 4-5

● 草图平面:确定如何定义目标平面,共有三种方式。

1)现有平面:选取基准平面为草图平面,也可以选取实体或者片体的平表面作为草图平面。

2)创建平面:利用【平面】对话框创建新平面,作为草图平面。

3)创建基准坐标系:首先构造基准坐标系,然后根据构造的基准坐标系创建基准平面作为草图平面。

● 参考:将草图的参考方向设置为水平或竖直。

1)水平:选择矢量、实体边、曲线等作为草图平面的水平轴(相当于 XC-YC 平面上的 XC 轴)。

2)竖直:选择矢量、实体边、曲线等作为草图平面的竖直轴(相当于 XC-YC 平面上的 YC 轴)

2. 基于路径

在曲线轨迹路径上创建出垂直于轨迹、平行于轨迹、平行于矢量和通过轴的草图平面,并在草图平面上创建草图。图 4-6 所示的对话框中各选项的含义如下。

图 4-6

● 路径:即在其上要创建草图平面的曲线轨迹。

● 平面位置:指定如何定义草图平面在轨迹中的位置,共有三种方式。

1)弧长:用距离轨迹起点的单位数量指定平面位置。

2)%弧长百分比:用距离轨迹起点的百分比指定平面位置。

3)通过点:用光标或通过指定 X 和 Y 坐标的方法来选择平面位置。

● 平面方位:指定草图平面的方向,共有四种方式。

1)垂直于轨迹:将草图平面设置为与要在其上绘制草图的轨迹垂直。

2)垂直于矢量:将草图平面设置为与指定的矢量垂直。

3)平行于矢量:就草图平面设置为与指定的矢量平行。

4)通过轴:使草图平面通过指定的矢量轴。

● 草图方位:确定草图平面中工作坐标系的 XC 轴与 YC 轴方向。

1)自动:程序默认的方位。

2)相对于面:以选择面来确定坐标系的方位。一般情况下,此面必须与草图平面呈平行或垂直关系。

3)使用曲线参数:使用轨迹与曲线的参数关系来确定坐标系的方位。

4.2.2　内部草图与外部草图

1. 基本概念

根据【变化的扫掠】、【拉伸】或【旋转】等命令创建的草图都是内部草图。如果希望使草图仅与一个特征相关联时,请使用内部草图。

单独使用草图命令创建的草图是外部草图,可以从部件中的任意位置查看和访问。使用外部草图可以保持草图可见,并且可使其可用于多个特征中。

2. 内部草图和外部草图之间的区别

内部草图只能从所属主特征访问。外部草图可以从部件导航器和图形窗口中访问。

除了草图的所有者,不能打开有任何特征的内部草图,除非使草图外部化。一旦使草图成为外部草图,则原来的所有者将无法控制该草图。

3. 使草图成为内部的或外部的

以一个基于内部草图的【拉伸】为例。

● 要外部化一个内部草图,可在部件导航器中的【拉伸】上单击右键,并选择【使草图为外部的】,草图将放在其原来的所有者前面(按时间戳记顺序),如图 4-7(b)所示。

(a)　　　　　　　　　　　　　　　　　　(b)

图 4-7

● 要反转这个操作,可右键单击原来的所有者,然后选择【使草图为内部的】,结果如图 4-7(a)所示。

● 要编辑内部草图,执行以下操作之一:

1)在部件导航器中单击右键【拉伸】,选择【编辑草图】。

2)双击【拉伸】,在【拉伸】对话框中,单击【绘制截面】图标。

4.2.3　创建草图对象

草图对象是指草图中的曲线和点。建立草图工作平面后,就可以在草图工作平面上建立草图对象。可用以下两种方式来创建草图对象。

（1）在草图中直接绘制草图。

（2）将图形窗口中的点、曲线、实体或片体上的边缘线等几何对象添加到草图中。

1. 自由手绘草图曲线

单击【草图工具】工具条中的命令图标，就会弹出相应的工具条，如图 4-8 所示。工具条的左侧为对象类型，右侧为点的输入模式。

图 4-8

利用【轮廓】工具可绘制直线和圆弧（在对象类型中选择相应的图标即可），且以线串方式进行绘制，即上一条曲线的终点为下一条曲线的起点。

草图曲线的绘制方法与第 6 章所述的曲线绘制方法基本相同，最大的区别在于使用草图工具绘制时，不必太在意尺寸是否准确，只需绘制出近似轮廓即可。近似轮廓线绘制完成后，再进行尺寸约束、几何约束，即可精确控制它们的尺寸、形状、位置。关于绘制草图曲线的功能，本书不再赘述，而只对草图中点的输入作简单说明。在草图中，可用以下三种方式输入点。

● 光标点：直接单击鼠标左键。当光标移动到特殊点时，系统会自动捕捉到这些特殊点并且高亮显示。

● 坐标模式：坐标模式是采用直角坐标方式输入 X、Y 坐标来确定点。单击 🖳 图标可进入坐标模式，系统会显示一直角坐标输入对话框，如图 4-9（a）所示，在其中输入 XC、YC 值后按回车键或 MB2 键。

● 参数模式：参数模式是采用极坐标方式输入相对于当前点的角度和长度值来确定目标点。单击 🖳 图标可进入参数模式，系统会显示一极坐标输入对话框，如图 4-9（b）所示，在其中输入角度值和长度值后按回车键或 MB2 键即可。

　　（a）直角坐标输入对话框　　　　　（b）极坐标输入对

图 4-9

 提示：

绘制草图对象时，点线显示与其他对象对齐；虚线显示可能的约束，按 MB2 可锁定或解锁所建议的约束。

2. 投影曲线

曲线按照草图平面的法向进行投影，从而成为草图对象，并且原曲线仍然存在。可以投影的曲线包括所有的二维曲线、实体或片体边缘。

4.2.4　约束草图

草图的功能在于其捕捉设计意图的能力,这是通过建立规则来实现的,这些规则称为约束。草图约束限制草图的形状和大小,包括几何约束(限制形状)和尺寸约束(限制大小)。草图约束命令如图 4-10 所示。

图 4-10

1. 自由度

草图的约束状态分为欠约束、完全约束和过约束三种。为了定义完整的约束而不是过约束或欠约束,读者应该了解草图对象的自由度,如图 4-11 所示。

(1)此点仅在 X 方向上可以自由移动;

(2)此点仅在 Y 方向上可以自由移动;

(3)此点在 X 和 Y 方向上都可以自由移动。

图 4-11

图 4-12 给出了一般对象的自由度(尚未添加约束):

● 点:有两个自由度,即沿 X 和 Y 方向移动;

● 直线:四个自由度,每端两个;

● 圆:三个自由度,圆心两个,半径一个;

● 圆弧:五个自由度,圆心两个,半径一个,起始角度和终止角度两个;

● 椭圆:五个自由度,两个在中心,一个用于方向,主半径和次半径两个;

● 部分椭圆:七个自由度,两个在中心,一个用于方向,主半径和次半径两个,起始角度和终止角度两个;

● 二次曲线:六个自由度,每个端点有两个,锚点有两个;

● 极点样条:四个自由度,每个端点有两个;

● 过点样条:在它的每个定义点处有两个自由度。

图 4-12

 提示:

调用了【约束】命令后,系统会在未约束的草图曲线定义点处显示自由度箭头符号,也就是相互垂直的红色小箭头,红色小箭头会随着约束的增加而减少。当草图曲线完全约束后,自由度箭头也会全部消失,并在状态栏中提示"草图已完全约束"。

2. 几何约束

● 约束

建立草图对象的几何特性(如要求一条线水平或垂直等)或指定在两个或更多的草图对象间的关系类型(如要求两条线正交或平行等)。

表 4-1 中描述了常见的几何约束。

表 4-1

符 号	约束类型	描 述
↴	固定	根据选定几何体的类型,定义几何体的固定特性
⁺⁺⁺	完全固定	创建足够的约束,以便通过一个步骤来完全定义草图几何形状的位置和方向
→	水平	使选择的单条或多条直线平行于草图的 X 轴
↑	竖直	使选择的单条或多条直线平行于草图的 Y 轴
╲	共线	定义两条或多条位于相同直线上或穿过同一直线的直线
◇	相切	定义两条或多条直线,使其相切
//	平行	约束两个或多个线性对象或圆/圆弧相互平行
⊥	垂直	约束两个或多个线性对象或圆/圆弧相互垂直
=	等长	定义两条或多条直线,使其长度相同
≈	等半径	定义两个或多个圆或圆弧有相同的半径
↑	点在曲线上	约束一个点,使其位于曲线上或曲线的延长线上
├	中点	定义一点的位置,使其与直线或圆弧的两个端点等距
┌	重合	定义两个或多个具有相同位置的点
◎	同心	定义两个或多个有相同中心的圆或椭圆弧
↔	恒定长度	一直线在没有长度值输入的情况下,约束为当前长度
∠	恒定角度	一直线在没有角度值输入的情况下,约束其在当前角度上

● 手工添加约束

手工添加约束就是用户自行选择对象并为其指定约束。

手工添加约束的操作步骤如下：

（1）单击【草图工具】工具条上的【约束】命令。

（2）选择被约束的草图对象，如图 4-13（a）所示，这里选择直线和圆，此时弹出如图 4-13（b）所示的【约束】对话框。

（3）在对话框中单击所需的几何约束类型按钮即可，这里单击【相切】按钮，结果如图 4-13（c）所示。

图 4-13

💡 提示：

【约束】对话框中所包含的约束类型是由约束对象决定的，根据所选对象不同，弹出的【约束】对话框中也会显示出不同的约束条件。

● 自动判断约束

使用草图创建对象时，会出现自动判断的约束符号，按住键盘上的 Alt 键可临时禁止自动判断约束。如图 4-14 所示，光标附近的符号表示自动判断的约束。

图 4-14

单击【草图工具】工具条上的【自动判断约束和尺寸】命令，弹出如图 4-15 所示的对话框。在该对话框中可以选择需要系统自动判断和应用的约束。

图 4-15

● 创建自动判断的约束

使用【创建自动判断的约束】可以在创建或编辑草图几何图形时，启用或禁用【自动判断约束】。如果激活这个选项，在创建对象时，实际创建系统自动判断的约束；相反则不创建约束，如图 4-16 所示。

图 4-16

● 显示所有约束/不显示约束

使用【显示所有约束】和【不显示约束】可在图形窗口中显示和隐藏约束符号。这两个命令均为开关命令,但两者不能同时处于激活状态,如图 4-17 所示。

图 4-17

 提示:

如果缩小草图,某些符号可能不显示,放大草图即可显示。

● 显示/移除约束

使用【显示/移除约束】可以显示与所选草图几何体或整个草图相关的几何约束,也可以移除指定的约束,或在信息窗口中列出关于所有几何约束的信息。

【显示/移除约束】对话框如图 4-18 所示。

图 4-18

● 备选解

使用【备选解】可以针对尺寸约束和几何约束显示备选解,并选择一个结果,如图 4-19、图 4-20 所示。

● 转换至/自参考对象

图 4-19

图 4-20

使用【转换至/自参考对象】可以将草图曲线（但不是点）或草图尺寸由活动对象转换为参考对象，或由参考对象转换回活动对象。参考尺寸并不控制草图几何图形。默认情况下，用双点划线这种线型显示参考曲线。

3. 尺寸约束

尺寸约束用于建立一个草图对象的尺寸（如一条线的长度、一个圆弧的半径等）或两个对象间的关系（如两点间的距离），如图 4-21 所示。

图 4-21

● 尺寸约束类型

UG NX 草图中具有 9 种尺寸约束类型。

(1)自动判断的尺寸：根据光标位置和选择的对象智能地推断尺寸约束类型。

(2)水平：在两点间建立一平行于 XC 轴的尺寸约束。

(3)竖直:在两点间建立一平行于 YC 轴的尺寸约束。

(4)平行:在两点间建立一平行于两点连线的尺寸约束。平行尺寸是指两点间的最短距离。

(5)垂直:建立从一线到一点的正交距离约束。

(6)直径:建立一个圆或圆弧的直径约束。

(7)半径:建立一个圆或圆弧的半径约束。

(8)成角度:约束所选两条直线之间的夹角。

(9)周长:约束所选草图轮廓曲线的总长度到一要求的值。周长约束允许选择的曲线类型为直线和圆弧。

🔘 提示:

周长尺寸不会在图形中显示出来,而只以 Perimeter 为前缀的尺寸表达式值放置在尺寸列表框中,要修改此类尺寸需在尺寸列表框中选取尺寸表达式,然后修改表达式的值。

● 尺寸约束步骤

尺寸约束的操作步骤如下:

(1)选择【草图工具】工具条上的尺寸约束图标,或选择菜单【插入】|【尺寸】菜单下的相应尺寸约束类型。

(2)选择被约束的草图曲线。

(3)输入表达式的名称和表达式的值,如图 4-22 所示。

表达式名称　　　表达式的值

图 4-22

(4)按中键(MB2)确定。

● 修改尺寸约束

(1)修改单个尺寸

在草图环境下,双击待修改的尺寸,然后在弹出的【尺寸】对话框中修改尺寸值即可。

(2)修改多个尺寸

草图环境下,双击某个尺寸,然后选择【尺寸】工具条左边的图标,将弹出如图 4-23 所示的对话框。在对话框中选择待修改的表达式,【当前表达式】会自动激活,从中修改尺寸表达式的名称及表达式的值即可。

🔘 提示:

若已经离开了草图环境,也可以从菜单【工具】|【表达式】来调用【表达式】对话框,再进行相应的编辑。

4. 约束技巧与提示

● 建立约束的次序

对于建立约束的次序有以下几点建议:

(1)添加几何约束:固定一个特征点。

参考尺寸只起标示作用，不能驱动尺寸

图 4-23

(2)按设计意图添加充分的几何约束。

(3)按设计意图添加少量尺寸约束(会频繁更改的尺寸)。

● 约束状态

草图的约束状态有三种：

(1)欠约束状态

在约束创建过程中,系统对欠约束的曲线或点显示自由度箭头,并在提示栏显示"草图需要 N 个约束",且默认情况下部分约束的曲线为栗色。

(2)完全约束状态

当完全约束一个草图时,在约束创建过程中自由度箭头不会出现,并在提示栏显示"草图已完全约束",且默认情况下几何图形更改为浅绿色。

(3)过约束状态

当对几何对象应用的约束超过了对其控制所需的约束时,几何对象就过约束了。在这种情况下,提示栏显示"草图包含过约束的几何体",且与之相关的几何对象以及任何尺寸约束的颜色默认情况下都会变为红色。

🔧 提示：

约束也会相互冲突。如果发生这种情况,则发生冲突的尺寸和几何图形的颜色默认情况下会变为洋红色。因为根据当前给定的约束不能对草图求解,系统将其显示为上次求解的情况。

● 约束技巧

尽管不完全约束草图也可以用于后续的特征创建,但最好还通过尺寸约束和几何约束完全约束特征草图。完全约束的草图可以确保设计更改期间,解决方案能始终一致。针对如何约束草图以及如何处理草图过约束,可以参照以下技巧:

(1)一旦遇到过约束或发生冲突的约束状态,应该通过删除某些尺寸或约束的方法以解决问题。

(2)尽量避免零值尺寸。用零值尺寸会导致相对其他曲线位置不明确的问题。零值尺寸在更改为非零尺寸时,会引起意外的结果。

(3)避免链式尺寸。尽可能尝试基于同一对象创建基准线尺寸。

(4)用直线而不是线性样条来模拟线性草图片段。尽管它们从几何角度看上去是相同的,但是直线和线性样条在草图计算时是不同的。

4.2.5　草图操作

草图环境中提供了多种草图曲线的编辑功能与操作工具,如编辑曲线、编辑定义线串、偏置曲线、镜像曲线等。接下来将一一介绍这些工具。

1. 编辑定义截面

草图一般用于拉伸、变化的扫掠等扫掠特征,因此多数草图本质是定义截面线串和/或引导线串。通过【编辑定义截面】命令能够添加或删除某些草图对象,以改变截面形状或引导路径。如图 4-24 所示。

完成的特征　　　　　进入草图

编辑后的特征　　　　　添加轮廓

图 4-24

 提示:

要添加对象到定义线串,只需选中对象即可;要从定义线串中移除对象,在选中对象时按 Shift 键即可。

2. 偏置曲线

在距已有曲线或边缘一恒定距离处创建曲线,并生成偏置约束,如图 4-25 所示。修改原先的曲线,将会更新偏置的曲线。

图 4-25

3. 镜像曲线

通过指定的草图直线创建草图几何体的镜像副本,并将此镜像中心线转换为参考线,且作用镜像几何约束到所有与镜像操作相关的几何体。

如图 4-26 所示。

图 4-26

4.2.6 草图管理

草图管理主要是指利用【草图】工具条上的一些命令进行操作,如图 4-27 所示。

图 4-27

1. 完成草图

通过此命令可以退出草图环境并返回到使用草图生成器之前的应用模块或命令。

2. 草图名

UG 在创建草图时会自动进行名称标注。通过【草图名】命令可以重定义草图名称,也可以改变激活的草图。

如图 4-28 所示,草图名称包括三个部分:草图＋阿拉伯数字＋"SKETCH_阿拉伯数字"。修改时只可修改最后一部分。

☑🔧 草图 (1) "SKETCH_000:矩形"
☑🔧 草图 (2) "SKETCH_001:六边形"
☑🔧 草图 (3) "SKETCH_002:圆弧"

图 4-28

3. 定向视图到草图

通过【定向视图到草图】命令可以直接从草图平面的法线方向进行查看。当用户在创建草图过程中视图发生了变化,不便于对象的观察时,可通过此命令调整视图。

4. 定向视图到模型

通过【定向视图到模型】命令可以将视图调整为进入草图之前的视图。这也是为了便于观察绘制的草图与模型间的关系。

5. 重新附着

通过【重新附着】命令可以:

1)重新附着一已存草图到另一平表面、基准平面或一路径。

2)切换一在平面上的草图到在路径上的草图,或反之。

3)改变在路径上的草图沿路径附着的位置。

4)更改水平或竖直参考。

重新附着草图的操作步骤:

1)打开草图;

2)单击【草图】工具条上的【重新附着】命令;

3)选择新的目标基准平面或平表面;

4)(可选)选择一水平或垂直参考;

5)单击【确定】按钮。

6. 创建定位尺寸

通过【定位尺寸】可以定义、编辑草图曲线与目标对象之间的定位尺寸。它包括创建定位尺寸、编辑定位尺寸、删除定位尺寸、重新定义定位尺寸等四种选项,如图 4-29 所示。

🔧·💾📳💱

🔧 创建定位尺寸
🎯 编辑定位尺寸
🗙 删除定位尺寸
📐 重新定义定位尺寸

图 4-29

7. 评估草图

● 延迟评估

通过此命令可以将草图约束评估延迟到选择【评估草图】命令时才进行。

(1)创建曲线时,系统不显示约束;

(2)定义约束时,在选择【评估草图】命令之前,系统不更新几何图形。

⚙ 提示:

拖动曲线或者使用【快速修剪】或【快速延伸】命令时,不会延迟评估。

● 评估草图

此命令只有在使用【延迟评估】命令后才可使用。创建完约束后单击此命令可以对当前草图进行分析,以实际尺寸改变草图对象。

8. 更新模型

当前草图如果已经被用于拉伸、旋转等特征,在改变尺寸约束后,拉伸、旋转后的特征并不会马上进行改变,需要单击此命令才能更改使用当前草图创建的其他特征。

4.3 入门实例

4.3.1 创建文件

选择菜单【文件】|【新建】,选择【建模】类型,并指定部件的存储位置、名称、单位(毫米),最后单击对话框上的【确定】按钮。

4.3.2 创建草图

单击【特征】工具条上的【任务环境中的草图】命令,弹出【创建草图】对话框,指定草图的工作平面。在【平面方法】下拉列表中选择【现有平面】,然后选择 XC-YC 作为草图的工作平面,按 MB2 确定后绘图区自动生成草图所需的基准平面和坐标。

4.3.3 初始化设置

打开【创建自动判断约束】按钮,关闭【连续自动标注尺寸】按钮,如此在添加约束时便更显灵活。如图 4-30 所示。

图 4-30

4.3.4 绘制二维轮廓线

单击【草图工具】工具条上的【轮廓】命令,在绘图区左上角会弹出绘制轮廓线的工具条,如图 4-31 左侧所示。【对象类型】选择直线、【输入模式】选择直角坐标方式,然后绘制如图 4-31 右侧所示的轮廓线后,最后按 MB2 键退出绘制轮廓线模式。

4.3.5 添加几何约束

本例中,几何约束的目标是为 Line1、Line3 添加水平约束。

(1)单击【草图工具】工具条上的约束命令,绘图区中草图线条端点处出现约束箭头,如图 4-32 右侧所示。选中 Line1,绘图区左上角会弹出【约束】对话框,选择【水平】图标(如图 4-32 左侧所示),即可水平约束 Line1。

图 4-31

图 4-32

（2）同法将线条 line3 水平约束，最终结果如图 4-33
所示。

（3）检查几何约束：选择【草图工具】工具条中的【显
示/移除约束】命令，选中【活动草图中的所有对象】单选
按钮，列表框中会列出当前草图中的所有约束，如图 4-34
所示。由于我们只添加了两个水平约束，可见"Line2 竖
直的"约束是系统自动添加的，若不需要该约束，则需人
工删除。选中该约束，【移除高亮显示的】按钮自动激活，
单击该按钮即可删除所选约束。

图 4-33

4.3.6　添加尺寸约束

本例中，尺寸约束目标是整个轮廓线尺寸关于 Y 轴
中心对称，且通过修改标注尺寸，整个轮廓形状可改变。

（1）单击【草图工具】工具条中的【自动判断的尺寸】命令，然后依次标注如图 4-35 所示
的尺寸。

（2）定义尺寸：选中 p9 尺寸，将其表达式右边改为 p12 * 2；选中 p14 尺寸，将其表示式
改成 p13 * 2；选中 p11 尺寸，将其表达式改成 p10 * 2；选择 p12 尺寸，将表达式的值修改为
30；选择 p14 尺寸，将表达式的值修改为 50；选择 p10 尺寸，将表达式的值修改为 20。

4.3.7　退出草图

单击【草图】工具条中的完成草图命令，退出草图模式，回到【建模】模块。

图 4-34

图 4-35

4.3.8　生成拉伸体

选择菜单【插入】|【设计特征】|【拉伸】,弹出【拉伸】对话框,如图 4-36 左侧所示。【截面】组中【选择曲线】按钮处于激活状态下,选择刚创建的二维轮廓线;【限制】组中【距离】文本框中设置为"－30";【设置】组【体类型】下拉列表中选择【实体】。按 MB2 后生成如图 4-36 右侧所示的实体。

4.3.9　编辑拉伸轮廓线

(1)重新进入草图,在【部件导航器】中双击草图节点:草图(1):SKETCH_000,即可重新进入草图。

图 4-36

（2）将草图中 p12 的值由 30 改为 5，如图 4-37 所示。

图 4-37

4.3.10　更新模型

再次点击【完成草图】按钮后可以发现，拉伸体根据草图内尺寸的变化也发生了相应的改变,具体如图 4-38 所示。

图 4-38

4.4 端盖草图的绘制

本例绘制的是一端盖草图,如图 4-39 所示为端盖的图纸。

图 4-39

运用草图中表达式来绘制端盖草图的步骤如下:

4.4.1 创建文件

选择菜单【文件】|【新建】命令,在弹出的【新建】对话框中输入草图名称,选择【单位】为【毫米】,单击【确定】按钮。

4.4.2 创建草图

单击【特征】工具条上的【任务环境中的草图】命令,弹出【创建草图】对话框。指定草图的工作平面。在【平面方法】下拉列表中选择【现有平面】,然后选择 XC-YC 作为草图的工作平面,按 MB2 确定后绘图区自动生成草图所需的基准平面和坐标。

4.4.3 绘制端盖的轮廓曲线

单击【草图工具】工具条上的【轮廓】命令,根据图 4-40 所示绘制出端盖轮廓曲线。

图 4-40

💡 提示:

在绘制图 4-37 所示的草图曲线过程中,系统自动为部分线段添加了【水平】约束和【竖直】约束,并在相邻线段之间添加了重合约束。

4.4.4 设置几何约束

1)选择线段(1)和基准坐标系的 Y 轴,使它们具有共线约束;

2)选择线段(12)和基准坐标系的 Y 轴,使它们具有共线约束;

3)选择线段(5)和线段(9),使它们具有共线约束;

4)完成几何约束后的草图如图 4-41 所示。

4.4.5 显示约束

1)选择【草图工具】工具条中的【显示/移除约束】命令,弹出【显示/移除约束】对话框,如图 4-42 所示。

2)选择【活动草图中的所有对象】单选项,则所有的几何约束都被列于列表框中。

图 4-41

图 4-42

4.4.6 表达式

1)选择【工具】|【表达式】命令,弹出【表达式】
对话框。

2)在最下面的文本框中输入【名称】为"d3"、公式为 8,如所示。单击按钮 或按 Enter
键,表达式被列入列表框中。

图 4-43

3)单击【确定】,退出对话框。

4.4.7 设置尺寸约束

1)选择【草图工具】工具条中的【自动判断尺寸】命令,选择线段(1)和线段(7),输入尺寸名为"D"、表达式为"40"如图 4-44 所示。

2)选择线段(1)和线段(9),输入尺寸名为"D1",表达式为"D-2",如图 4-45 所示。

3)其他直线段的尺寸名称和尺寸表达式如图 4-46 至图 4-51 所示。

图 4-44   图 4-45

图 4-46

图 4-47

图 4-48

图 4-49

图 4-50

图 4-51

4)选择线段(9)和斜线(11),输入尺寸名称为"a",尺寸表达式为"arctan(1/20)",将两线的夹角设置为如图 4-52 所示的"2.862"(系统根据表达式算出的值)。

5)草图已完全约束,选择【草图】工具条中的【完成草图】命令,退出草图绘制环境。

图 4-52

4.5 垫片零件草图的绘制

本例绘制的是一金属垫片草图，如图 4-53 所示为金属垫片的图纸。

绘制草图的思路是：首先确定整个草图的定位中心，接着根据由内向外、由主定位中心到次定位中心的绘制步骤逐步绘制出草图曲线。

图 4-53

绘制垫片零件草图的步骤如下：

1)进入草图环境；

2)确定整个草图的定位中心；

3)确定次定位中心；

4)绘制相切线；

5)整理草图。

4.5.1 进入草图环境

(1)新建一个文件

选择菜单【文件】|【新建】命令,在弹出的【新建】对话框中输入草图名称,选择【单位】为【毫米】,单击【确定】按钮。

(2)新建草图

● 单击【特征】工具条上的【任务环境中的草图】命令,弹出【创建草图】对话框。

● 程序默认的草图平面为"XC-YC 平面",草图参考方位为"水平",这里取默认值,点击【创建基准坐标系】选项,弹出【基准 CSYS】对话框,单击【确认】按钮。

● 单击【创建草图】对话框中的【确定】按钮,进入草图绘制环境。

4.5.2 确定整个草图的定位中心

(1)绘制定位圆

● 单击【草图工具】工具条上的【圆】命令,在基准坐标系附近绘制一个圆,如图 4-54 所示。

● 单击【草图工具】工具条上的【约束】命令,依次选择圆的圆心和基准坐标系的原点,弹出如图 4-55 所示的【约束】对话框。单击对话框中的【重合】命令,使圆心与基准坐标系的原点重合,如图 4-56 所示。

图 4-54

图 4-55

● 单击【草图工具】工具条上的【自动判断的尺寸】命令,选择刚绘制的圆,对其进行尺寸的标注,结果如图 4-57 所示。

图 4-56   图 4-57

(2)绘制同心圆

以同样的方式绘制一个同心圆,其直径为 30,如图 4-58 所示。

4.5.3 确定次定位中心

(1)绘制两个同心圆

● 使用【圆】工具绘制两个同心圆。

● 单击【草图工具】工具条上的【约束】命令,依次选择圆的圆心和基准坐标系的 X 轴,弹出如图 4-59 所示的【约束】对话框。单击对话框中的【点在曲线上】命令,使圆心位于基准坐标系的 X 轴上。

● 标注尺寸,如图 4-60 所示。

图 4-58

图 4-59   图 4-60

(2)镜像同心圆

● 单击【草图工具】工具条上的【镜像曲线】命令,弹出如图 4-61 所示的【镜像曲线】对话框。

● 选择基准坐标系的 Y 轴作为【镜像中心线】。

● 选择刚绘制的两个同心圆作为【要镜像的曲线】。

● 按 MB2,结果如图 4-62 所示。

图 4-61   图 4-62

4.5.4 绘制相切线

使用【直线】工具绘制 4 条相切线,如图 4-63 所示。

图 4-63

4.5.5 整理草图

(1)单击【草图工具】工具条上的【快速修剪】命令,在需要修剪的部分单击 MB1,即可将草图中多余的曲线修剪掉。

(2)检查尺寸标注是否正确,草图是否已经完全约束,检查无误后,垫片草图的最终结果如图 4-64 所示。

图 4-64

(3)单击【草图生成器】工具条上的【完成草图】图标,退出草图环境。

4.6 吊钩零件草图的绘制

本例绘制的是一吊钩零件草图,如图4-65所示为吊钩零件的图纸。

绘制吊钩零件草图的步骤如下:

(1)确定整个草图的定位中心,如图4-66所示。

图 4-65

图 4-66

(2)绘制矩形并添加约束,如图4-67所示。

(3)倒圆角,如图4-68所示。

图 4-67

图 4-68

（4）绘制两段圆弧，如图 4-69 所示。

（5）修剪曲线并倒圆角，如图 4-70 所示。

图 4-69 　　　　　　　　　　　　　　　　　　　图 4-70

4.7　机械零件 1 草图的绘制

本例绘制的是一机械零件草图，如图 4-71 所示为该机械零件的图纸。

图 4-71

绘制该机械零件草图的步骤如下：

(1)确定整个草图的定位中心,如图 4-72 所示。

(2)确定次定位中心,如图 4-73 所示。

图 4-72   图 4-73

(3)绘制外部轮廓,如图 4-74 所示。

(4)绘制细节部分,如图 4-75 所示。

图 4-74

图 4-75

4.8　机械零件 2 草图的绘制

本例绘制的是一机械零件的草图,如图 4-76 所示为机械零件的图纸。

图 4-76

绘制机械零件草图的步骤如下：

(1)确定草图的定位中心如图 4-77 所示。

(2)绘制两同心圆并标注尺寸,且与定位中心的圆保证在同一轴线上,如图 4-78 所示。

图 4-77   图 4-78

(3)绘制矩形和圆并添加约束,如图 4-79 所示。

图 4-79

(4)绘制其余草图曲线,如图 4-80 所示。

(5)绘制相切线和倒圆角,如图 4-81 所示。

图 4-80

图 4-81

4.9 机械零件 3 草图的绘制

本例绘制的是一机械零件的草图,如图 4-82 所示为机械零件的图纸。

图 4-82

绘制机械零件草图的步骤如下:

(1)确定草图的定位中心,如图 4-83 所示。

(2)绘制草图曲线并标注,如图 4-84 所示。

(3)绘制两个圆,如图 4-85 所示。

(4)绘制大致轮廓,如图 4-86 所示。

(5)添加约束并标注尺寸,如图 4-87 所示。

(6)绘制细节部分并添加约束,如图 4-88 所示。

(7)最终完成的草图,如图 4-89 所示。

图 4-83

图 4-84

图 4-85

图 4-86

图 4-87

图 4-88   图 4-89

4.10 思考与练习

1. 什么是草图？草图最大的特点是什么？

2. 请简述创建草图的基本步骤。

3. 什么是自由度？自由度有什么作用？

4. 简述建立约束的次序。

5. 约束状态有哪几种？各有什么特征？

6. 什么是"自动约束"？应如何设置"自动约束"类型？应如何检查系统自动添加的约束？应如何删除系统自动添加的约束？

7. 什么是定义线串？应如何编辑"定义线串"？

8. 分别绘制如图 4-90、图 4-91、图 4-92 所示的草图。

图 4-90

图 4-91

图 4-92

第5章 实体建模实例

实体模型可以将用户的设计概念以真实的模型在计算机上呈现出来,因此更符合人们的思维方式,同时也弥补了传统的面结构、线结构的不足。采用实体模型,可以方便地计算出产品的体积、面积、质心、质量、惯性矩等,让人们真实地了解产品。实体模型还可用于装配间隙分析、有限元分析和运动分析等,从而让设计人员能够在设计阶段就能发现问题。因此直接创建三维实体模型也越来越重要。

 本章学习目标

- 掌握布尔操作工具:求和、求差、求交等;
- 掌握扫掠法构建实体工具:拉伸、回转、管道等;
- 掌握成形特征工具:孔、凸台、垫块、键槽等;
- 掌握特征操作工具:拔模、倒斜角、边倒圆、镜像特征、修剪体、缝合、抽壳、偏置面等;
- 掌握特征编辑方法:编辑特征参数、移除参数、抑制特征、特征回放等;
- 掌握同步建模相关命令:偏置区域、替换面、删除面、调整圆角大小等。

5.1 实体建模概述

实体建模就是利用实体模块所提供的功能,将二维轮廓图延伸成为三维的实体模型,然后在此基础上添加所需的特征,如抽壳、孔、倒圆角等。除此之外,UG NX 实体模块还提供了将自由曲面转换成实体的功能,如将一个曲面增厚成为一个实体,将若干个围成封闭空间的曲面缝合为一个实体等。

5.1.1 基本术语

- 特征:特征是由具有一定几何、拓扑信息以及功能和工程语义信息组成的集合,是定义产品模型的基本单元,例如孔、凸台等。特征的基本属性包括尺寸属性、精度属性、装配属性、功能属性、工艺属性、管理属性等。使用特征建模技术提高了表达设计的层次,使实际信息可以用工程特征来定义,从而提高了建模速度。
- 片体:指一个或多个没有厚度概念的面的集合。
- 实体:具有三维形状和质量的,能够真实、完整和清楚地描述物体的几何模型。在基于特征的造型系统中,实体是各类特征的集合。
- 体:包括实体和片体两大类。
- 面:由边缘封闭而成的区域。面可以是实体的表面,也可以是一个壳体。
- 截面线:即扫描特征截面的曲线,可以是曲线、实体边缘、草图。

● 对象：包括点、曲线、实体边缘、表面、特征、曲面等。

5.1.2 UG NX 特征的分类

在 UG NX 中，特征可分为三大类：

1. 参考几何特征

在 UG NX 中，三维建模过程中使用辅助面、辅助轴线等是一种特征，这些特征就是参考几何特征。由于这类特征在最终产品中并没有体现，所以又称为虚体特征。

2. 实体特征

零件的构成单元，可通过各种建模方法得到，比如拉伸、回转、扫掠、孔、倒角、圆角、拔模以及抽壳等，如图 5-1 所示。

图 5-1

3. 高级特征

高级特征包括通过曲线建模、曲面建模等生成的特征。

本章将详细介绍参考几何特征、实体特征这两类特征的创建方法与编辑方法。

5.1.3 UG NX 实体特征工具

UG NX 实体特征工具包括造型特征、特征操作和特征编辑。

1. 造型特征

造型特征是 UG NX 构造实体特征的主要方法，包括：

● 扫描特征：通过拉伸、旋转截面线或沿引导线扫掠等方法创建实体，所创建的实体与截面线相关。

● 成型特征：在一个已存在的实体模型上，添加具有一定意义的特征，如孔、旋转槽、腔体、凸台等。用户还可以用"自定义特征"的方式建立部件特征库，以提高建模速度。

● 参考特征：包括基准平面及基准轴两个参考特征，主要起辅助创建实体的作用。

● 体素特征：利用基本体素（矩形体、圆柱体、圆锥体、球体）等快速生成简单几何体。

造型特征工具分布于【插入】菜单中的【设计特征】、【关联复制】中。

2. 特征操作

对实体进行修饰操作，如拔模、实体倒圆角、抽壳及执行布尔操作等。"特征操作"工具集中在菜单【插入】中的【组合】、【修剪】、【偏置/缩放】以及【细节特征】中。

造型特征与特征操作这两类工具主要集中在【特征】工具条中，如图 5-2 所示。

3. 特征编辑

特征编辑包括编辑特征参数、编辑定位尺寸、移动特征、特征重排序、删除特征等。特征

图 5-2

编辑工具集中在菜单【编辑】|【特征】中。特征编辑工具也可从【特征编辑】工具条中调用。【特征编辑】工具条如图 5-3 所示。

图 5-3

5.1.4 建模流程

UG 的特征建模实际上是一个仿真零件加工的过程,如图 5-4 所示,图中表达了零件加工与特征建模的一一对应关系。

图 5-4

5.2 实体建模常用命令介绍

5.2.1 布尔运算

布尔操作用于组合先前已存在的实体和片体,布尔操作包括求和(Unite)、求差(Subtract)和求交(Intersect)。

每个布尔操作选项都将提示用户选择一个目标体和一个或多个工具体。目标体被工具体修改,操作结束时,工具体将成为目标体的一部分。可用相应选项来控制是否保留目标体和工具体未被修改的备份。

1. 求和

使用【求和】命令可以将两个或多个工具实体的体积组合为一个目标体。

【例 5-1】 利用【求和】命令,将多个实体结合成为一个实体

(1)打开 ch5/Unite.prt,然后单击【特征】工具条中的【求和】命令,弹出【求和】对话框,如图 5-5(a)所示。

(2)如图 5-5(b)所示,选择一个目标体和四个工具体。注意:目标体只有一个,工具体可以有几个。

(3)单击【确定】按钮,结果如图 5-5(c)所示。

 提示:

运用求和的时候要注意,目标体和工具体之间必须有公共部分。如图 5-6 所示的情况,这两个体之间正好相切,其公共部分是一条交线,即相交的体积是 0,这种情况下是不能求和的,系统会提示工具体完全在目标体外,这个要注意。

2. 求差

从目标体中减去工具体的体积,即将目标体中与工具体相交的部分去掉,从而生成一个新的实体,如图 5-7 所示。

【例 5-2】 利用【求差】命令,从一个目标体中减去四个工具体

(1)打开 ch5/Subtract.prt,然后单击【特征】工具条中的【求差】命令,弹出【求差】对

图 5-5

图 5-6

话框。

　　(2)如图 5-7(a)所示,选择一个目标体和四个工具体。

　　(3)单击【确定】按钮,结果如图 5-7(b)所示。

图 5-7

提示：

求差的时候,目标体与工具体之间必须有公共的部分,体积不能为零。

3. 求交

使用求交可以创建包含目标体与一个或多个工具体的共享体积或区域的体。

【例 5-3】 利用【求交】命令求两个实体的共同部分

(1)打开 ch5/Intersect.prt,然后单击【特征】工具条中的【求交】命令,弹出【求交】对话框。

(2)选择目标体和工具体,如图 5-8 所示。

(3)单击 MB2,即可获得目标体与工具体的公共部分,如图 5-8 所示。

(a)　　　　　　　　　　　　　　　　(b)

图 5-8

5.2.2　扫掠特征

扫掠特征是构成非解析形状毛坯的基础。可以通过例如拉伸、回转或管道建立扫掠特征。

1. 拉伸

使用【拉伸】命令可以沿指定方向扫掠曲线、边、面、草图或曲线特征的 2D 或 3D 部分一段直线距离,由此来创建体如图 5-9 所示。拉伸过程中需要指定截面线、拉伸方向、拉伸距离。

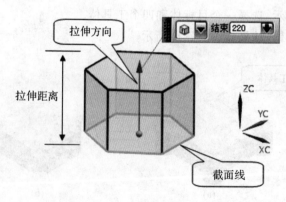

图 5-9

单击【特征】工具条上的【拉伸】命令,弹出如图 5-10 所示对话框。

图 5-10

- 截面：指定要拉伸的曲线或边，可配合【选择意图工具条】使用。
- 方向：指定要拉伸截面曲线的方向。默认方向为选定截面曲线的法向，也可通过【矢量构造器】和【自动判断】类型列表中的方法构造矢量。
- 极限：定义拉伸特征的整体构造方法和拉伸范围，具体可参考图 5-11 所示。

图 5-11

- 布尔：在创建拉伸特征时，还可以与存在的实体进行布尔运算。如果当前界面只存在一个实体，选择布尔运算时，自动选中实体；如果存在多个实体，则需要选择进行布尔运算的实体。

● 拔模:对拉伸体设置拔模角度,具体可参考图 5-12 所示。

从起始限制　从截面　从截面-不　从截面　从截面匹配
　　　　　　　　　　对称角　　对称角　的终止处

图 5-12

● 偏置:用于设置拉伸对象在垂直于拉伸方向上的延伸,具体可参考图 5-13 所示。

单侧　　　　　两侧　　　　　对称

图 5-13

● 设置:用于设置拉伸特征为片体或实体。要获得实体,截面曲线必须为封闭曲线或带有偏置的非闭合曲线。

【例 5-4】　利用【拉伸】命令创建拉伸体

(1)打开 ch5/Extrude.prt,然后调用【拉伸】工具。

(2)选择如图 5-14(a)所示的截面线串。

(3)接受系统默认的方向,默认方向为选定截面曲线的法向。

(4)在【极限】组中设置【起始】为【值】,【距离】为 0,【结束】为【直至选定对象】,选择如所示长方体的背面。

(5)设置【布尔】为【求差】,系统自动选中长方体。

(a)　　　　　　(b)　　　　　　(c)

图 5-14

(6)设置【拔模】为【从起始限制】,输入【角度】为－2。

(7)设置【偏置】为【单侧】,输入【结束】为－2,如图 5-14(b)所示。

(8)设置【体类型】为【实体】,其余参数保持默认值。

(9)单击【确定】按钮,结果如图 5-14(c)所示。

2. 回转

使用【回转】可以使截面曲线绕指定轴回转一个非零角度,以此创建一个特征,如图 5-15所示。

单击【特征】工具条中的【回转】命令,弹出如图 5-16 所示的对话框。

图 5-15

图 5-16

● 截面:截面曲线可以是基本曲线、草图、实体或片体的边,并且可以封闭也可以不封闭。截面曲线必须在旋转轴的一边,不能相交。

● 轴:指定旋转轴和旋转中心点。

其他选项与【拉伸】工具中的选项较类似,此处不作赘述。

【例 5-5】 利用【回转】工具创建旋转体

(1)打开 ch5/Revolve.prt,然后调用【回转】工具。

(2)选择截面曲线。

(3)选择基准坐标系的 Y 轴为【指定矢量】,选择原点为【指定点】。

(4)在【极限】栏中设置起始角度为 0,结束角度为－150,其余参数保持默认值,如

图 5-17所示。

(5)单击【确定】按钮,完成回转体的创建。

3. 管道

使用【管道】命令可以通过沿着一个或多个相切连续的曲线或边扫掠一个圆形横截面来创建单个实体,如图 5-18(a)所示。

管道有两种输出类型:

● 单段:在整个样条路径长度上只有一个管道面(存在内直径时为两个)。这些表面是 B 曲面,如图 5-18(b)所示。

● 多段:多段管道用一系列圆柱和圆环面沿路径

图 5-17

逼近管道表面,如图 5-18(c)所示。其依据是用直线和圆弧逼近样条路径(使用建模公差)。对于直线路径段,把管道创建为圆柱。对于圆形路径段,创建为圆环。

(a)

(b)　　　　　　　(c)

图 5-18

 提示:

【管道】在 UG NX8.0 中默认为隐藏状态,通过【命令查找器】可将其显示出来。

【例 5-6】 创建多段管道

(1)打开 ch5/Tube.prt,点击菜单【插入】|【扫掠】中的【管道】命令,弹出如图 5-18(a)所示的对话框。

(2)选择样条线作为【路径】。

(3)在【外径】和【内径】文本框中分别输入 5 和 0,设置【输出】为【多段】,其余参数保持默认值。

(4)单击【确定】按钮,结果如图 5-18(c)所示。

5.2.3 成型特征

成型特征用于添加结构细节与模型上,它仿真零件的粗加工过程。

1. 孔

通过【孔】命令可以在部件或装配中添加以下类型的孔特征:

- 常规孔(简单、沉头、埋头或锥形状)
- 钻形孔
- 螺钉间隙孔(简单、沉头或埋头状)
- 螺纹孔
- 孔系列(部件或装配中一系列多形状、多目标体、对齐的孔)

(a)非平面孔   (b)螺钉间隙孔   (c)螺纹孔

(d)多个孔   (e)孔系列

图 5-19

单击【特征】工具条中的【孔】命令,弹出如图 5-20 所示的对话框,该对话框中各选项的含义如下:

- 类型:孔的种类,包括常规孔、钻形孔、螺钉间隙孔、螺纹孔和孔系列。
- 位置:孔的中心点位置,可以通过草绘或选择参考点的方式来获得。
- 方向:孔的生成方向,包括垂直于面和沿矢量两种指定方法。
- 成形:孔的内部形状,包括简单孔、沉头孔、埋头孔及锥形等形状的孔,如图 5-21 所示。
- 尺寸:孔的尺寸,包括直径、深度、尖角等。
- 直径:孔的直径。
- 深度限制:孔的深度方法,包括值、直至选定对象、直至下一个和贯通体。
- 深度:孔的深度,不包括尖角。

图 5-20

(a) 简单孔   (b) 沉头孔   (c) 埋头孔   (d) 锥形孔

图 5-21

【例 5-7】 创建孔特征

（1）打开 ch5/Hole.prt，然后调用【孔】工具。

（2）创建一简单通孔。

①在【类型】下拉列表中选择【常规孔】。

②如图 5-22（a）所示，选择凸台圆弧中心。

③在【形状和尺寸】组中设置【成形】为【简单】，【直径】为 20，【深度限制】为【贯通体】。

④【布尔】设置为【求差】，系统自动选中立方体。

⑤单击【应用】按钮，简单通孔创建完毕，结果如图 5-22（b）所示。

（a）   （b）

图 5-22

（3）创建一沉头通孔

①在如图 5-23（a）所示的位置附近选择顶面，系统自动进入草图环境，并弹出【点】对话框。

②如图 5-23（b）所示，绘制一个点，并为其添加尺寸约束，然后退出草图环境。

③在【形状和尺寸】组中设置【成形】为【沉头孔】，【沉头孔直径】为 30，【沉头孔深度】为 5，【直径】为 20【深度限制】为【贯通体】。

④【布尔】设置为【求差】，系统自动选中立方体。

⑤单击【应用】按钮，沉头通孔创建完毕，结果如图 5-23（c）所示。

（a）   （b）   （c）

图 5-23

2. 凸台

使用【凸台】命令可以在模型上添加具有一定高度的圆柱形状,其侧面可以是直的或拔模的,如图 5-24 所示。创建后,凸台与原来的实体加在一起成为一体。

图 5-24

 提示:

凸台的锥角允许为负值。

【例 5-8】 创建一锥形凸台

(1)打开 ch5/Boss.prt,然后单击【特征】工具条中的【凸台】命令,弹出如图 5-25(a)所示的【凸台】对话框。

(2)选择圆柱体的上表面作为凸台的放置面。

(3)输入如图 5-25(a)所示的参数。

(4)单击【应用】按钮,弹出【定位】对话框。

(5)单击【定位】对话框中的【点到点】按钮。

(6)如图 5-25(b)所示,选择圆柱体上表面的边缘,系统弹出如图 5-25(c)所示的【设置圆弧的位置】对话框。

(7)单击【圆弧中心】按钮,完成凸台的创建,结果如图 5-25(b)所示。

(a)   (b)   (c)

图 5-25

3. 垫块

使用【垫块】命令可以在一已存实体上建立一矩形垫块或常规垫块,如图 5-26 所示。

矩形垫块　　　　　　　　　常规垫块

图 5-26

● 矩形垫块

定义一个有指定长度、宽度和高度,在拐角处有指定半径,具有直面或斜面的垫块,如图 5-27 所示。矩形垫块的创建步骤与矩形腔体类似。

图 5-27

● 常规垫块

定义一个比矩形垫块选项具有更大灵活性的垫块。常规垫块的特性和创建方法与常规腔体类似,故此处不再赘述。

 提示:

软件中【腔体】的功能刚好与【垫块】相反,【腔体】是剔除材料,而【垫块】是添加材料。

【例 5-9】 创建矩形垫块

(1)打开 ch5/Pad.prt,然后单击【特征】工具条中的【垫块】命令,弹出【垫块】对话框,单击对话框中的【矩形】按钮。

(2)选择长方体的上表面作为矩形垫块的放置面。

(3)选择如图 5-28(a)所示的边作为水平参考。

(4)输入如图 5-27 所示的矩形垫块的各个参数,单击【确定】按钮,弹出【定位】对话框。

(5)如图 5-28(c)所示,单击【定位】对话框中的【垂直】按钮,根据【提示栏】的信息分别选择目标边 1 和工具边 1,然后在表达式文本框中输入距离 15,按 MB2。

(6)再次单击【定位】对话框中的【垂直】按钮,用同样的方式定义目标边 2 和工具边 2 之间的距离 20。

(7)单击【确定】按钮,完成矩形垫块的创建,结果如图 5-28(b)所示。

4. 键槽

使用【键槽】命令可以满足建模过程中各种键槽的创建。在机械设计中,键槽主要用于

(a)

水平参考

(b)

工具边1　　工具边2

目标边2

目标边1

(c)

图 5-28

轴、齿轮、带轮等实体上,起到周向定位及传递扭矩的作用。所有键槽类型的深度值都按垂直于平面放置面的方向测量。

单击【特征】工具条中的【键槽】命令,弹出如图 5-29所示的对话框。

 提示:

键槽只能创建在平面上。

若选中图 5-29【键槽】对话框中的【通槽】复选框,则需要选择键槽的起始通过面和终止通过面(不需再设置键槽的长度),所创建的结果如图 5-30 所示。

图 5-29

(a)　　　　　　　(b)

图 5-30

● 矩形键槽

沿着底边创建有锐边的键槽,如图 5-31 所示。

● 球形端槽

创建保留有完整半径的底部和拐角的键槽,如图 5-32 所示。

图 5-31

图 5-32

提示：

槽宽等于球直径(即刀具直径)。槽深必须大于球半径。

● U 形键槽

创建有整圆的拐角和底部半径的键槽,如图 5-33 所示。

图 5-33

提示：

槽深必须大于拐角半径。

● T 型键槽

创建一个横截面是倒 T 的键槽,如图 5-34 所示。

图 5-34

● 燕尾槽

创建燕尾槽型的键槽。这类键槽有尖角和斜壁,如图 5-35 所示。

图 5-35

【例 5-10】 创建一 U 形键槽

(1)打开 ch5/Slot.prt,然后调用【键槽】命令。

(2)在【键槽】对话框中选择【U 形键槽】。

(3)选择长方体的上表面作为 U 形键槽的放置面。

(4)选择如图 5-36(a)所示的边作为水平参考。

(5)输入如图 5-36(b)所示的 U 形键槽的各个参数,单击【确定】按钮,弹出【定位】对话框。

(6)如图 5-36(c)所示,单击【定位】对话框中的【垂直】按钮,根据【提示栏】的信息分别选择目标边 1 和工具边 1,然后在表达式文本框中输入距离 15,按 MB2。

(7)再次单击【定位】对话框中的【垂直】按钮,用同样的方式定义目标边 2 和工具边 2 之间的距离 30。

(8)单击【确定】按钮,完成 U 形键槽的创建,结果如图 5-36(d)所示。

5.2.4 特征操作

特征操作与成型特征的不同之处在于其是仿真零件的精加工过程。

1. 拔模

使用【拔模】命令可以将实体模型上的一张或多张面修改成带有一定倾角的面。拔模操作在模具设计中非常重要,若一个产品存在倒拔模的问题,则该模具将无法脱模。

图 5-36

单击【特征】工具条中的【拔模】命令，弹出如图 5-37 所示的对话框。

图 5-37

【拔模】命令共有四种拔模操作类型:【从平面】、【从边】、【与多个面相切】以及【至分型边】,其中前两种操作最为常用。

● 从平面

从固定平面开始,与拔模方向成一定的拔模角度,对指定的实体进行拔模操作,如图 5-38所示。

固定平面

图 5-38

💡 提示:

所谓固定平面是指该处的尺寸不会改变。

● 从边

从一系列实体的边缘开始,与拔模方向成一定的拔模角度,对指定的实体进行拔模操作,如图 5-39 所示。

固定边缘

图 5-39

● 与多个面相切

如果拔模操作需要在拔模操作后保持要拔模的面与邻近面相切,则可使用此类型。此处,固定边缘未被固定,而是移动的,以保持选定面之间的相切约束,如图 5-40 所示。

💡 提示:

选择相切面时一定要将拔模面和相切面一起选中,这样才能创建拔模特征。

● 至分型边

主要用于分型线在一张面内,对分型线的单边进行拔模,如图 5-41 所示。

💡 提示:

在创建拔模之前,必须通过"分割面"命令用分型线分割其所在的面。

图 5-40

图 5-41

【例 5-11】 从平面拔模

(1)打开 ch5/Taper_FromPlane. prt,然后调用【拔模】工具。

(2)在【类型】下拉列表中选择【从平面】。

(3)系统默认选择 Z 轴方向作为脱模方向,这里保持默认设置,按 MB2。

(4)选择长方体的底面作为固定面,然后选择如图 5-42(a)所示的侧面作为拔模面。

(5)输入角度值为 10,单击【确定】按钮,即可创建拔模特征,结果如图 5-42(b)所示。

图 5-42

【例 5-12】 从边拔模

(1)打开 ch5/Taper_FromEdges. prt,然后调用【拔模】工具。

(2)在【类型】下拉列表中选择【从边】。

（3）系统默认选择 Z 轴方向作为脱模方向，这里保持默认设置，按 MB2。

（4）选择圆柱体的下边缘作为固定边缘，如图 5-43(a) 所示，并输入角度值为 3。

（5）选择【设置】组中的【对所有实例拔模】复选框，其余设置保持默认值。

（6）单击【确定】按钮，结果如图 5-43(b) 所示。

图 5-43

2. 倒斜角

使用【倒斜角】命令可以将一个或多个实体的边缘截成斜角面。

倒斜角有三种类型：对称、非对称、偏置和角度，如图 5-44 所示。

(a) 对称   (b) 非对称   (c) 偏置和角度

图 5-44

【例 5-13】　以【对称】方式创建倒斜角

（1）打开 ch5/Chamfer.prt，然后单击【特征】操作工具条中的【倒斜角】命令，弹出【倒斜角】对话框，如图 5-45(a) 所示。

（2）如图 5-45(b) 所示，选择拉伸体的上表面的边缘作为要倒斜角的边，并输入距离值为 10。

（3）单击【确定】按钮。即可创建倒斜角特征，结果如图 5-45(c) 所示。

3. 边倒圆

通过【边倒圆】命令可以使至少由两个面共享的边缘变光顺。倒圆时就像沿着被倒圆角的边缘滚动一个球，同时使球始终与在此边缘处相交的各个面接触。

倒圆球在面的内侧滚动会创建圆形边缘（去除材料），在面的外侧滚动会创建圆角边缘（添加材料），如图 5-46 所示。

图 5-45

图 5-46

单击【特征】工具条中的【边倒圆】命令，弹出如图 5-47 所示的对话框。

● 要倒圆的边

此选项区主要用于倒圆边的选择与添加，以及倒角值的输入。若要对多条边进行不同圆角的倒角处理，则单击【添加新集】按钮即可。列表框中列出了不同倒角的名称、值和表达式等信息，如图 5-48 所示。

● 可变半径点

通过向边倒圆添加半径值唯一的点来创建可变半径圆角，如图 5-49 所示。

● 拐角倒角

在三条线相交的拐角处进行拐角处理。选择三条边线后，切换至拐角栏，选择三条线的

图 5-47

图 5-48

图 5-49

交点,即可进行拐角处理。可以改变三个位置的参数值来改变拐角的形状,如图 5-50 所示。

● 拐角突然停止

使某点处的边倒圆在边的末端突然停止,如图 5-51 所示。

图 5-50

图 5-51

● 修剪

可将边倒圆修剪至明确选定的面或平面,而不是依赖软件通常使用的默认修剪面,如图 5-52 所示。

默认效果　　　　　　　　　　修剪效果

图 5-52

● 溢出解

当圆角的相切边缘与该实体上的其他边缘相交时,就会发生圆角溢出。选择不同的溢出解,得到的效果会不一样,可以尝试组合使用这些选项来获得不同的结果。如图 5-53 所示为【溢出解】选项区。

(1)在光顺边上滚动

允许圆角延伸到其遇到的光顺连接(相切)面上。如图 5-54 所示,①溢出现有圆角的边的新圆角;②选择时,在光顺边上滚动会在圆角相交处生成光顺的共享边;③未选择在光顺边上滚动时,结果为锐共享边。

图 5-53

图 5-54

(2)在边上滚动(光顺或尖锐)

允许圆角在与定义面之一相切之前发生,并展开到任何边(无论光顺还是尖锐)上。如图 5-55 所示,①选择在边上滚动(光顺或尖锐)时,遇到的边不更改,而与该边所在面的相切会被超前;②未选择在边上滚动(光顺或尖锐)时,遇到的边发生更改,且保持与该边所属面的相切。

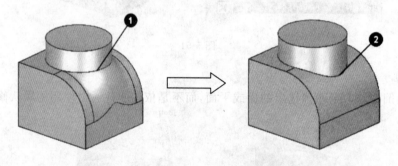

图 5-55

(3)保持圆角并移动锐边

允许圆角保持与定义面的相切,并将任何遇到的面移动到圆角面。如图 5-56 所示,①选择在锐边上保持圆角选项的情况下预览边倒圆过程中遇到的边;②生成的边倒圆显示保持了圆角相切。

图 5-56

● 设置

【设置】选项区主要是控制输出操作的结果。

1）对所有实例倒圆

对所有实例特征同时倒圆角。

2）凸/凹 Y 处的特殊圆角

使用该复选框，允许对某些情况选择两种 Y 型圆角之一，如图 9-107 所示。

不选择　　　　　　　　　　　　　　选择

图 5-57

3）移除自相交

在一个圆角特征内部如果产生自相交，可以使用该选项消除自相交的情况，增加圆角特征创建的成功率。

4）拐角回切

在产生拐角特征时，可以对拐角的样子进行改变，如图 5-58 所示。

从拐角分离　　　　　　　　　　　　带拐角包含

图 5-58

【例 5-14】　创建恒定半径的边倒圆

（1）打开 ch5/EdgeBlend.prt，然后调用【边倒圆】工具。

（2）选择如图 5-59 所示实体上表面上的所有边（共 10 条），输入半径 1 值为 3。

（3）单击【添加新集】按钮，然后选择实体侧面的 4 条边，输入半径 2 值为 10，系统将其添加到【列表】中，如图 5-60 所示。

（4）单击【确定】按钮，结果如图 5-61 所示。

4．镜像特征

使用【镜像特征】命令可以用通过基准平面或平面镜像选定特征的方法来创建对称的模型。

图 5-59　　　　　　　　　图 5-60　　　　　　　　图 5-61

【例 5-15】　创建镜像特征

(1)打开 ch5/Mirror Feature.prt,然后点击菜单【插入】|【关联复制】中的【镜像特征】命令,弹出【镜像特征】对话框。

(2)在【相关特征】列表中选择位于最后的四个特征,如图 5-62(a)所示。

(3)在【平面】下拉列表中选择【新平面】,然后选择【YC-ZC 平面】。

(4)单击【确定】按钮,结果如图 5-62(b)所示。

(a)　　　　　　　　　　　　　　　(b)

图 5-62

5. 修剪体

使用修剪体可以使用一个面或基准平面修剪一个或多个目标体。选择要保留的体的一部分,并且被修剪的体具有修剪几何体的形状。法矢的方向确定保留目标体的哪一部分。

 提示:

当使用面修剪实体时,面的大小必须足以完全切过体。

【例5-16】 用片体修剪实体

(1)打开 ch5/Trim Body.prt,然后单击【特征】工具条中的【修剪体】命令,弹出【修剪体】对话框。

(2)选择实体作为目标体,按 MB2,设置【工具选项】为【面或平面】,然后选择片体作为刀具体。

(3)单击【确定】按钮,具体结果如图 5-63 所示。

图 5-63

6. 缝合

使用【缝合】命令可以将两个或更多片体连结成一个片体。如果这组片体包围一定的体积,则创建一个实体。

【例5-17】 将多个片体缝合成一个片体

(1)打开 ch5/Sew.prt,然后单击【特征】工具条中的【缝合】命令,弹出【缝合】对话框。

(2)在【类型】下拉列表中选择【片体】。

(3)选择任一面作为目标体,框选其余的面作为刀具体。

(4)其余参数保持默认值。

(5)单击【确定】按钮,完成片体的缝合,具体结果如图 5-64 所示。

7. 抽壳

使用【抽壳】命令可以根据为壁厚指定的值抽空实体或在其四周创建壳体,也可为面单独指定厚度并移除单个面。

单击【特征】工具条中的【抽壳】命令,弹出如图 5-65 所示的对话框。

● 移除面,然后抽壳

指定在执行抽壳之前移除要抽壳的体的某些面。首先选择要移除的两个面,然后输入厚度值即可。还可创建厚度不一致的抽壳。

● 对所有面抽壳

指定抽壳体的所有面而不移除任何面。

图 5-64

图 5-65

【例 5-18】 抽壳所有面

(1)打开 ch5/Shell_1.prt,然后调用【抽壳】工具。

(2)在【类型】下拉列表中选择【对所有面抽壳】。

(3)选择立方体,并输入厚度值为 2,注意箭头方向向内,如图 5-66 所示。

(4)单击【确定】按钮,完成抽壳创建。

【例 5-19】 创建变化厚度抽壳

(1)打开 ch5/Shell_2.prt,然后调用【抽壳】工具。

图 5-66

（2）在【类型】下拉列表中选择【移除面，然后抽壳】。

（3）如图 5-67 所示，选择要移除的两个面，并输入厚度为 2。

（4）切换至【备选厚度】一栏，选择要变化厚度的面，再输入该面的厚度为 5，如图 5-68 所示。

（5）单击【确定】按钮，结果如图 5-69 所示。

图 5-67　　　　　　　　　　图 5-68　　　　　　　　　　图 5-69

8. 偏置面

使用【偏置面】命令可以将实体的轮廓面沿法线方向偏置一个距离，该距离可正可负。该功能常用来延伸实体的长度。

【例 5-20】　偏置面实例

（1）打开 ch5/Offset Face.prt，然后单击【特征】工具条中的【偏置面】命令，弹出如图 5-70 所示的对话框。

图 5-70

（2）选择如图 5-71（a）所示的两个面作为要偏置的面，并输入偏置值为 1，双击方向箭头使其向下，或可以单击对话框中的【反向】按钮，这样做的效果是使底面变薄。

（3）单击【应用】按钮，结果如图 5-71（b）所示。

（4）再选择如图 5-72（a）所示的面作为要偏置的面，并输入偏置值为 5，注意箭头的方向。

（5）单击【确定】按钮，结果如图 5-72（b）所示。

图 5-71

图 5-72

5.2.5 编辑特征

特征的编辑是对前面通过实体造型创建的实体特征进行各种操作。

1. 编辑特征参数

UG NX 创建的实体是参数化的,可以很方便地通过编辑修改实体的参数达到修改实体的目的。使用【编辑特征参数】命令可以编辑当前模型的特征参数。

【例 5-21】 编辑特征参数

(1)打开 ch5/Edit Feature.prt,然后单击【编辑特征】工具条上的【编辑特征参数】命令,弹出如图 5-73 所示的【编辑参数】对话框。

(2)在对话框选择"简单孔(4)",也可以直接在图形窗口中选择该孔,如图 5-73(a)所示。

(3)按 MB2,弹出如图 5-73(b)所示的【编辑参数】对话框,单击【特征对话框】按钮,弹出如图 5-73(c)所示的对话框。

(4)输入直径值为 0.5,连按三次 MB2,完成孔特征的编辑,结果如图 5-74(b)所示。

🔘 提示:

【编辑参数】对话框中的内容会随着所选择的实体的不同而发生变化,通常与创建该实体特征时的对话框相似。创建实体时需要设置的参数在编辑特征参数时均可重新设置。

2. 移除参数

参数可以方便我们更改设计结果,但有时也会妨碍我们改变某个实体,所以在逆向工程中经常要用到【移除参数】这个命令。移除参数经保存后不可返回。

图 5-73

图 5-74

【例 5-22】 移除参数

(1)打开 ch5/Remove Parameters. prt,单击【编辑特征】工具条上的【移除参数】命令,弹出如图 5-75 所示的对话框。

(2)选择实体,单击【确定】按钮,弹出如图 5-76 所示的【移除参数】提示框。

(3)单击【是】按钮,完成实体参数的移除。

图 5-75

图 5-76

提示：

此命令不支持草图曲线。

3. 抑制特征

通过【抑制特征】命令可以抑制选取的特征，即暂时在图形窗口中不显示特征。这有很多好处：

（1）减小模型的大小，使之更容易操作，尤其当模型相当大时，加速了创建、对象选择、编辑和显示时间。

（2）在进行有限元分析前隐藏一些次要特征以简化模型，被抑制的特征不进行网格划分，可加快分析的速度，而且对分析结果也没多大的影响。

（3）在建立特征定位尺寸时，有时会与某些几何对象产生冲突，这时可利用特征抑制操作。如要利用已经建立倒圆的实体边缘线来定位一个特征，就不必要删除倒圆特征，新特征建立以后再取消抑制被隐藏的倒圆特征即可。

【例 5-23】 抑制特征

（1）打开 ch5/Suppress Feature. prt，单击【编辑特征】工具条上的【抑制特征】命令，弹出如图 5-77 所示的对话框。

图 5-77

（2）在对话框中的列表中选择要被抑制的特征，选中的特征在图形窗口中高亮显示，也可以直接在图形窗口中选择要抑制的特征，如图 5-78(a)所示。

（3）选择【列出相关对象】复选框，如果选定的特征有许多相关对象的话，这样操作可显著地减少执行时间。

（4）单击【确定】按钮，具体结果如图 5-78(b)所示。

(a) (b)

图 5-78

提示：

实际上，抑制的特征依然存在于数据库里，只是将其从模型中删除了。因为特征依然存在，所以可以用【取消抑制特征】调用它们。【取消抑制特征】是【抑制特征】的反操作，即在图形窗口重新显示被抑制了的特征。

4. 特征回放

使用【特征回放】命令可使用户清晰地观看实体创建的整个过程。

【例 5-24】 特征回放

打开 ch5\Edit Feature.prt 文件后,单击【编辑特征】工具条中的【特征回放】命令,弹出如图 5-79 所示的对话框。不断单击对话框中的【步进】按钮,视图区域就会逐步显示该实体的创建过程。

图 5-79

5.2.6 同步建模

UG NX 提供了独特的同步建模技术,使设计人员能够修改模型,而不用管这些模型来自哪里;也不用管创建这些模型所使用的技术;也不用管是 UG NX 的参数化模型或非参数化模型,或者是从其他 CAD 系统导入的模型。

利用其直接处理任何模型的能力,大大减少了浪费在重构或转换几何模型上的时间。此外,设计者能利用参数化特征而不受特征历史的限制。

1. 偏置区域

通过【偏置区域】命令可以在单个步骤中偏置一组面或整个体,并重新生成相邻圆角。

【偏置区域】在很多情况下和【特征】工具条中的【偏置面】效果相同,但碰到圆角时会有所不同,如图 5-80 所示。

原始模型　　　　　　　　偏置面　　　　　　　　偏置区域

图 5-80

【例 5-25】 偏置区域

(1)打开 ch5/Offset Region.prt,并单击【同步建模】工具条中的【偏置区域】命令,弹出【偏置区域】对话框。

(2)选择如图 5-81 所示的三个面,并输入偏置距离为 2。

(3)单击【确定】按钮,结果如图 5-82 所示。

图 5-81

图 5-82

2. 替换面

使用【替换面】命令可以用一个或多个面代替一组面,并能重新生成光滑邻接的表面。

【例 5-26】 替换面

(1)打开 ch5/Replace Face. prt,并单击【同步建模】工具条中的【替换面】命令,弹出如图 5-83(a)所示的【替换面】对话框。

图 5-83

(2)如图 5-83(b)所示,依次选择【要替换的面】和【替换面】。

(3)输入距离值为 0。

(4)单击【确定】按钮,结果如图 5-83(c)所示。

3. 删除面

使用【删除面】命令可删除面,并可以通过延伸相邻面自动修复模型中删除面留下的开放区域,还能保留相邻圆角。

【例 5-27】 删除面

(1)打开 ch5/Delete Face_1. prt,并单击【同步建模】工具条中的【删除面】命令,弹出如图 5-84(a)所示的【删除面】对话框。

(2)在【类型】下拉列表中选择【面】。

(3)如图 5-84(b)所示,选择筋板上相邻的三个面。

(4)单击【确定】按钮,结果如图 5-84(c)所示。

(a)   (b)   (c)

图 5-84

【例 5-28】 删除孔

(1)打开 ch5/Delete Face_2.prt,并调用【删除面】工具。

(2)在【类型】下拉列表中选择【孔】。

(3)选择【按尺寸选择孔】复选框,在【孔尺寸<=】文本框中输入"5",如图 5-85(a)所示。

(4)选择其中一个孔,系统自动选择所有满足条件的孔(共 4 个),如图 5-85(b)所示。

(5)单击【确定】按钮,结果如图 5-85(c)所示。

(a)   (b)   (c)

图 5-85

4. 调整圆角大小

使用【调整圆角大小】命令可以改变圆角面的半径,而不考虑它们的特征历史记录。

改变圆角大小不能改变实体的拓扑结构,也就是不能多面或者少面,且半径必须大于 0。

需要注意的是,选择的圆角面必须是通过圆角命令创建的,如果系统无法辨别曲面是圆角时,将创建失败。

【例 5-29】 调整圆角大小

(1)打开 ch5/Resize Blend. prt,并单击【同步建模】工具条中的【调整圆角大小】命令,弹出如图 5-86(a)所示的【调整圆角大小】对话框。

(2)如图 5-86(b)所示,选择圆角面,系统自动显示其半径为 7.5,将其改为 10。

(3)单击【确定】按钮,结果如图 5-86(c)所示。

(a)　　　　　　　　　(b)　　　　　　　　　(c)

图 5-86

5.3 连接件实体建模

根据图 5-87 所示的图纸,完成连接件的建模。

图 5-87

由于篇幅限制,这里仅介绍大致的操作过程,具体步骤请参照本书视频。

操作过程如下:

(1)创建矩形体:点击菜单【插入】|【设计特征】|【长方体】命令,选择"原点,边长"方式,并将矩形的长、宽、高分别设置为 124mm、50mm、48mm,矩形的原点设置为(0,0,0),按 MB2,即可生成如图 5-88 所示的矩形体。

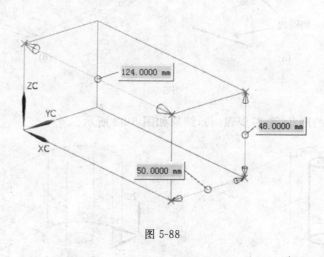

图 5-88

(2)创建半径为 25 的边倒圆角:单击【特征】工具条中的【边倒圆】命令,弹出【边倒圆角】对话框。半径值设置为 25,然后选择如图 5-89(a)所示的两条边,单击【应用】按钮,即可完成倒圆角,结果如图 5-89(b)所示。

倒圆边

圆角结果示意

(a)　　　　　　　　　　　　　　　(b)

图 5-89

(3)创建半径为 24 的边倒圆角:在【边倒圆】对话框中,将半径值设置为 24,然后选择如图 5-90(a)所示的两条边,然后按 MB2,完成倒圆角操作,并退出【边倒圆】对话框。结果如图 5-90(b)所示。

(4)创建φ16 的圆孔:单击【特征】工具条中的【孔】命令,弹出【孔】对话框;在【形状和尺寸】一栏中选择成形为【简单】,并将直径设置为 16,深度设置为【贯通体】;然后选择半径 25 的倒圆角圆弧中心点击【确定】,即可完成直径 16 的圆孔,如图 5-91 所示。

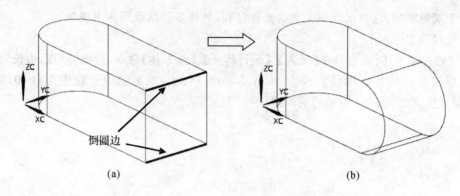

(a)　　　　　　　　　　　　　　　(b)

图 5-90

（5）创建φ20 的圆孔：参照步骤（4），结果如图 5-92 所示。

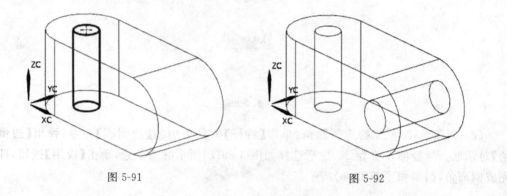

图 5-91　　　　　　　　　　　　　　图 5-92

（6）将【实用工具】工具条中的【工作图层】组合框中输入 21，并按 Enter 键，将工作层设置到 21 层。

（7）创建 T2 拉伸体截面：单击【特征】工具条中的【任务环境中的草图】命令，弹出【创建草图】对话框，选择如图 5-93 所示面作为草图的放置面。

（8）进入草图环境后，先关闭位于【草图工具】工具条中的【连续自动标注尺寸】按钮，再选择【草图工具】工具条中的【矩形】命令，绘制如图 5-94 草图后，再单击【完成草图】按钮，退出草图。

图 5-93　　　　　　　　　　　　　　图 5-94

（9）拉伸 T2 节点：调用【拉伸】工具；截面为刚绘制的草图，限制条件可自定，只要拉伸体穿过基体即可,布尔类型选择【无】,按 MB2 即可创建节点 T2,如图 5-95 所示。

（10）利用"布尔减"操作完成 M1 节点:调用【求差】命令,【目标】体选择 T1 基体,【工具】体选择 T2 拉伸体,按 MB2 后即可完成 M1 节点,如图 5-96 所示。

图 5-95   图 5-96

（11）创建 T3 拉伸体的草图:可参照 T2 拉伸体的制作,放置面与所绘草图如图 5-97 所示。

图 5-97

（12）利用【拉伸】工具完成 T3 节点和 M2 节点:结果如图 5-98 所示。

（13）按快捷键 Ctrl+L,调用【图层设置】对话框;选择 1 层,然后单击【设为工作层】,再选择 21 层,然后单击【不可见】按钮,使 21 层中的数据不可见,按 MB2 退出对话框,从而隐藏以上所创建的草图。

（14）调用【边倒圆】工具,半径设置为 6,按照倒圆角"先断后连"的原则,选择如图 5-99 所示的四条边;按 MB2,即可完成连续的四条边的倒圆角操作。

图 5-98

图 5-99

（15）再次调用【边倒圆】工具，在【选择杆】的【曲线规则】下拉列表中选择【相切曲线】，然后选择如图 5-100 所示的 3 条边缘线，按 MB2 后，即可完成连倒圆角操作，结果亦如图 5-100 所示。

倒圆边

图 5-100

5.4 接管零件实体建模

根据图 5-101 所示的图纸,完成接管零件的建模。

图 5-101

由于篇幅限制,这里仅介绍大致的操作过程,具体步骤请参照本书视频。

操作过程如下:

(1)首先选择菜单【插入】|【设计特征】中的【圆柱体】命令创建直径为 30、高度为 1 的圆柱体,如图 5-102 所示。

图 5-102

(2)创建埋头孔特征,具体设置可见图 5-103 所示。

图 5-103

(3)使用【特征】工具条中的【对特征形成图样】命令阵列上一步骤生成的埋头孔特征,如图 5-104 所示。

图 5-104

(4)将坐标系原点置于圆柱体底部的圆心,再拖动坐标系 XC-ZC 间的旋转角球体,使其转动 45°,如图 5-105 所示。

图 5-105

(5)再次选择菜单【插入】|【设计特征】中的【圆柱体】命令创建直径为 12、高度为 20 的圆柱体,如图 5-106 所示。

图 5-106

(6)创建简单孔特征,指定点与结果如图 5-107 所示。

图 5-107

(7)使用【同步建模】工具条中的【替换面】命令封闭模型接管根部的缺口,如图 5-108 所示。

图 5-108

(8)使用【特征】工具条中的【修剪体】命令对接管内侧进行修剪,结果如图 5-109 所示。

(9)使用【求和】命令对两实体进行布尔求和。

(10)创建半径值为 2 的边倒圆特征,如图 5-110 所示。

图 5-109   图 5-110

(11)移动坐标至图 5-111 所示位置,注意应先将坐标原点置于接管头部的象限点位置,再沿图示 XC 轴进行轴向移动。

图 5-111

(12)通过【孔】命令创建直径为 2 的孔特征,结果如图 5-112 所示。

(13)使用【倒圆角】命令创建半径为 0.3 的圆角特征,结果如图 5-113 所示。

图 5-112   图 5-113

5.5 支架零件实体建模

根据图 5-114 所示的图纸,完成支架零件的建模。

图 5-114

由于篇幅限制,这里仅介绍大致的操作过程,具体步骤请参照本书视频。

操作过程如下:

(1)以当前坐标的 XC-YC 平面首先创建如图 5-115 所示的草图轮廓。

图 5-115

(2)使用【拉伸】命令创建第一个实体,起始距离为0,结束距离为60,如图5-116所示。

(3)再通过【拉伸】命令创建第二个实体,起始距离为2.1,结束距离为9.6,如图5-117所示。

图 5-116   图 5-117

(4)再通过【拉伸】命令创建第三个实体,起始距离为3.2,结束距离为8.5,如图5-118所示。

(5)以坐标 YC-ZC 平面创建第二个草图轮廓,如图5-119所示。

图 5-118   图 5-119

(6)再次使用【拉伸】命令拉伸所绘草图,在【极限】设置选项中选择【对称值】,距离为10,如图5-120所示。

(7)使用【修剪体】命令修剪上一步创建的实体,其中刀具体为圆柱体的内侧面,如图5-121所示。

(8)使用【求和】命令对上述创建的四个实体进行布尔求和。

(9)在 XC-YC 平面再创建第三个草图轮廓,如图5-122所示。

图 5-120

图 5-121　　　　　　　　　　　　　　　　图 5-122

　　（10）接着通过【拉伸】命令拉伸所绘草图，并在命令选项中设置与模型主体进行求差运算，具体可参考如图 5-123 所示。

　　（11）创建边倒圆修饰特征，注意倒圆角的顺序不同，结果也会不一样，制作时一般会遵循"先断后连"原则，当前先选择如图 5-124 所示部位进行倒圆，半径为 1。

　　（12）再制作如图 5-125 所示部位的圆角，半径值不变。

　　（13）最后再制作如图 5-126 所示部位的圆角，半径值为 1.5，至此支架零件建模完成。

图 5-123

图 5-124

图 5-125

图 5-126

5.6 思考与练习

1. 根据图 5-127，绘制相应的实体，并以 Appendix_5-1.prt 为文件名保存。

图 5-127 Appendix_5-1

2. 根据图 5-128，绘制相应的实体，并以 Appendix_5-2.prt 为文件名保存。

图 5-128 Appendix_5-2

3. 根据图 5-129,绘制相应的实体,并以 Appendix_5-3.prt 为文件名保存。

图 5-129　Appendix_5-3

第6章　曲面建模实例

　　曲面也称之为自由曲面,其是 CAD 软件的重要组成部分,是体现 CAD 软件三维设计能力的重要标志之一。使用曲面建模功能可以完成实体建模所无法完成的三维设计项目,因此掌握曲面建模对造型工程师来说至关重要。

　　UG NX 提供了多种曲面建构的方法,功能强大,使用方便。大多数曲面在 UG NX 中是作为特征存在的,因此编辑曲面也非常方便。但要正确使用曲面造型功能需要了解曲面的构成原理。

　　与实体工具相比,曲面工具要少得多,但曲面工具使用更灵活,细微之处需要读者用心体会。

本章学习目标

- ●理解曲面建模原理和曲面建模功能;
- ●了解片体、补片、阶数、栅格线等基本概念;
- ●掌握基于点构建曲面的工具:通过点、从极点和从点云;
- ●掌握基于曲线构建曲面的工具:直纹面、通过曲线组、通过曲线网格、扫掠、剖切曲面;
- ●掌握曲面操作工具:桥接曲面、延伸曲面、N 边曲面、偏置曲面、修剪的片体、修剪和延伸;
- ●掌握曲面编辑工具:移动定义点、移动极点、扩大、等参数修剪/分割、边界;
- ●掌握曲面分析工具:剖面分析、高亮线分析、曲面连续性分析、半径分析、反射分析、斜率分析、距离分析、拔模分析。

6.1　曲面建模概述

　　曲面建模是指由多个曲面组成立体模型的过程。但是创建的每一张曲面都是通过点创建曲线再来创建曲面,也可以通过抽取或使用视图区已有的特征边缘线创建曲面。所以一般曲面建模的过程如下所示:

　　(1)首先创建曲线。可以用测量得到的点创建曲线,也可以从光栅图像中勾勒出用户所需曲线。

　　(2)根据创建的曲线,利用过曲线、直纹、过曲线网格、扫掠等选项,创建产品的主要或者大面积的曲面。

　　(3)利用桥接面、二次截面、软倒圆、N-边曲面选项,对前面创建的曲面进行过渡接连、编辑或者光顺处理。最终得到完整的产品模型。

6.1.1　曲面生成的基本原理

CAD/CAM 软件中,曲面通常是以样条的形式来表达的,因此又称为样条曲面或自由曲面。

1. 曲线和曲面的表达

曲线、曲面有三种常用的表达方式,即显式表达、隐式表达和参数表达。

(1)显式表达

如果表达式直观地反映了曲线上各个点的坐标值 y 如何随着坐标值 x 的变化而变化,即坐标值 y 可利用等号右侧的 x 的计算式直接计算得到,就称曲线的这种表达方式为显式表达,例如直线表达式 $y=x$、$y=2x+1$ 等。

一般地,平面曲线的显式表达式可写为:$y=f(x)$,其中 x、y 为曲线上任意点的坐标值,称为坐标变量,符号 $f(\ )$ 则用来表示 x 坐标的某种计算式,称为 x 的函数。

类似地,曲面的显式表达式为:$z=f(x,y)$。

(2)隐式表达

如果坐标值 y 并不能直接通过 x 的函数式得到,而是需要通过 x、y 所满足的方程式进行求解才能得到,就称曲线的这种表达方式为隐式表达。例如圆心在坐标原点、半径为 R 的圆曲线,每个点的 y 坐标值和 x 坐标值都满足以下方程式:

$$x^2+y^2=R^2 \tag{2.1}$$

也就是说,表达式不能直观地反映出圆曲线上各点的 y 坐标值是如何随坐标值 x 的变化而变化的。

一般地,平面曲线的隐式表达式可写为:$f(x,y)=0$,符号 $f(\ )$ 用来表示关于 x、y 的某种计算式,即坐标变量 x 和 y 的函数。

类似地,曲面的隐式表达式为:$f(x,y,z)=0$。

(3)参数表达

假如直线 A 上各点的 x、y 坐标值都保持相等的关系,即:

$$y=x \tag{2.2}$$

如果引入一个新变量 t,并规定 t 与坐标值 x 保持相等的关系,那么(2.2)式就可以写为:

$$\begin{cases} x=t \\ y=t \end{cases} \tag{2.3}$$

显然,在(2.3)式中,坐标值 x、y 之间依然保持了相等的关系,因此它同样可作为直线 A 的表达式。与(2.2)式不同的是,在(2.3)式中,x 和 y 的相等关系是通过一个"第三者"t 来间接地反映出来的,t 称为参数。这种通过参数来表达曲线的方式称为曲线的参数表达,如图 6-1 所示。参数的取值范围称为参数域,通常规定在 0 到 1 之间。

例如,当参数 t 取值为 0.4 时,直线 A 上对应的点为(0.4,0.4)。

一般地,平面曲线的参数表达式可写为:

$$\begin{cases} x=f(t) \\ y=g(t) \end{cases}$$

符号 $f(\ )$、$g(\ )$ 分别是参数 t 的函数。

图 6-1

曲面的参数表达式为：

$$\begin{cases} x = f(u,v) \\ y = g(u,v) \\ z = h(u,v) \end{cases}$$

由于参数表达的优越性（相关内容可参阅 CAD 技术开发类教材），它成为现有的 CAD/CAM 软件中表达自由曲线和自由曲面的主要方式。

如果将式(2.3)改写为：

$$\begin{cases} x = t^2 \\ y = t^2 \end{cases} \tag{2.4}$$

则 x 与 y 依然保持着相等的关系。也就是说，(2.4)式也是直线段 A 的一个参数表达式。同时我们注意到，在(2.3)式中，由于 x、y 始终与参数 t 保持着相同的值，因此当参数 t 以均匀间隔在参数域内取值 0、0.2、0.4、0.6、0.8、1，则在直线段 A 上的对应点$(0,0)$、$(0.2,0.2)$、$(0.4,0.4)$、$(0.6,0.6)$、$(0.8,0.8)$、1 也将保持均匀的间隔。然而，在(2.4)式中，这种对应关系被打乱了，与参数值 0、0.2、0.4、0.6、0.8、1 对应的直线 A 上的点坐标分别是$(0,0)$、$(0.04,0.04)$、$(0.36,0.36)$、$(0.64,0.64)$、$(1,1)$，显然这些点之间的间距并不均匀，如图 6-2 所示。

图 6-2

由此，可以得到曲线参数表达的两个重要结论：
● 一条曲线可以有不同的参数表达方式，如(2.3)、(2.4)式。
● 参数的等间距分布不一定导致曲线上对应点的等间距分布，即参数域的等间距分割不等价于曲线的等间距分割，如图 6-2 所示。
读者也许会问，既然同一种曲线可以有不同的参数表达方式，那么究竟使用哪一种更好呢？当然是哪个好用就用哪个！其中的评价标准不仅包括了通用性、适用性、图形处理效率等诸多因素，还往往和特定的应用需求有关。经过多年的研究和应用实践的检验，以非均匀有理B样条(NURBS)等为代表的参数表达方式以其无可比拟的优越性已成为当今CAD/CAM软件表达自由曲线和自由曲面的首选。

2. 自由曲线的生成原理

虽然 NURBS 是目前最流行的自由曲线与自由曲面的表达方式，但由于它的生成原理和表达式相对较为复杂，不容易理解。因此本书以另一种相对简单但同样十分典型的参数表达方式，即 Bezier(贝塞尔)样条，来说明参数表达的自由曲线和曲面是如何生成的。

本节我们介绍 Bezier 样条曲线的生成方式。

如图 6-3 所示，两点 $P_1(x_1,y_1)$、$P_2(x_2,y_2)$ 构成一条直线段，该直线段上任意点 P 的坐标值为(x,y)，则由简单的几何原理可得到如下关系式：

图 6-3

$$\frac{x-x_1}{x_2-x_1}=\frac{y-y_1}{y_2-y_1}=\frac{|PP_1|}{|P_2P_1|} \quad (2.5)$$

如果将参数 t 定义为 P 到 P_1 的距离$|PP_1|$与 P_2 到 P_1 的距离$|P_2P_1|$的比值，即

$$t=\frac{|PP_1|}{|P_2P_1|}$$

则代入(2.5)式后容易推得：

$$\begin{cases} x=(1-t)x_1+tx_2 \\ y=(1-t)y_1+ty_2 \end{cases}$$

注意到以上方程组中的两个方程的相似性，并将它们合并表达为：

$$\begin{pmatrix} x \\ y \end{pmatrix}=(1-t)\begin{bmatrix} x_1 \\ y_1 \end{bmatrix}+t\begin{bmatrix} x_2 \\ y_2 \end{bmatrix} \quad (2.6)$$

由于 $\begin{pmatrix} x \\ y \end{pmatrix}$、$\begin{bmatrix} x_1 \\ y_1 \end{bmatrix}$、$\begin{bmatrix} x_2 \\ y_2 \end{bmatrix}$ 分别是 P、P1、P2 的坐标，因此将上式简写成如下形式：

$$P=(1-t)P_1+tP_2$$

由于 P 的位置是随着参数 t 的变化而变化，因此上式也可写为：

$$P(t)=(1-t)P_1+tP_2 \quad (2.7)$$

这就是直线段的一种参数化表达式。参数 t 代表了直线段上任意一点 P 到起点 P_1 的距离与直线段总长度$|P_1P_2|$的比值。显然，t 在 0 到 1 之间变化，并且 t 越小，P 就越靠近 P_1(当 t 为 0 时，P 与 P_1 重合)。同理，当 P 向 P_2 移动时，t 将越来越大(当 P 与 P_2 重合时，t 为 1)。

下面进一步讨论式(2.7)的几何意义。从式(2.7)可见，P 是由 P_1 和 P_2 计算得到的，即 P 的位置是由 P_1 和 P_2 决定的。我们将 P_1、P_2 称为直线段的控制顶点。同时，式(2.7)中 P_1 和 P_2 分别被乘上一个小于等于 1 的系数$(1-t)$和 t，分别称为 P_1 和 P_2 对 P 的影响因子，反映了各个控制顶点对 P 的位置的"影响力"或者"贡献量"。由于$(1-t)$与 t 之和为 1，因此控制顶点对 P 的影响因子的总和是不变的。

可见，式(2.7)直观、形象地反映了 P 在直线段上所处的位置，以及 P_1 和 P_2 对 P 所做

出的"贡献量"。我们将式(2.7)所代表的计算方法称为对控制顶点 P_1、P_2 的线性插值计算。所谓线性是指控制顶点影响因子均为参数 t 的一次函数 $(1-t)$ 和 t。所谓插值是指 P 由 P_1 和 P_2 按一定的方法(称为插值方式)计算得到。插值方式决定了控制顶点影响因子的计算方法。

直线段的这种参数化表达方式称为一阶 Bezier 样条。以这种方式表达的直线段是最简单的 Bezier 曲线,由于表达式中参数 t 的幂次为 1,因此又称为一阶 Bezier 曲线。

下面我们讨论稍复杂一点的二阶 Bezier 样条的生成方式。

如图 6-4(a)所示,P_1、P_2、P_3 是空间任意的三个点,若我们以 Bezier 样条表达直线段 P_1P_2,并以 P_{11} 表示直线段 P_1P_2 上参数为 t 的点,则由式(2.7)可得:

$$P_{11} = (1-t)P_1 + tP_2 \qquad\qquad (2.8)$$

同样,若以 P_{12} 表示直线段 P_2P_3(注意 P_2 为起点)上参数为 t 的点,则有:

$$P_{12} = (1-t)P_{12} + tP_3 \qquad\qquad (2.9)$$

显然,式(2.8)是对 P_1、P_2 进行的线性插值计算,式(2.9)是对 P_2、P_3 进行的线性插值计算。

进一步地,我们将 P_{11} 作为起点,P_{12} 作为终点,并将直线段 $P_{11}P_{12}$ 上参数为 t 的点记为 P_{22}。则同样有:

$$P_{22} = (1-t)P_{11} + tP_{12} \qquad\qquad (2.10)$$

P_{11} 和 P_{12} 的计算称为第一轮插值,P_{22} 的计算称为第二轮插值。可见,第二轮插值是在第一轮插值的基础上完成的,并且其后无法再进行更进一步的插值运算。

当 t 从 0 逐步增加到 1 时,P_{11} 从 P_1 移动到 P_2,P_{12} 则同步地从 P_2 移动到 P_3。与此同时,P_{22} 也从 P_1 移动到 P_3,其移动的轨迹形成一条曲线,称为以 P_1、P_2、P_3 为控制顶点的二阶 Bezier 曲线,如图 6-4(b)所示。

将式(2.8)、(2.9)代入到式(2.10),立即可以推出:

$$P_{22} = (1-t)^2 P_1 + 2t(1-t)P_2 + t^2 P_3$$

由于 P_{22} 的位置随着 t 的变化而变化,因此上式还可表达为:

$$P(t) = (1-t)^2 P_1 + 2t(1-t)P_2 + t^2 P_3 \qquad\qquad (2.11)$$

式(2.11)即为二阶 Bezier 样条的表达式。与一阶 Bezier 曲线相同,二阶 Bezier 曲线上任意点 P_{22} 的位置又是各控制顶点综合影响的结果,而且各控制顶点对 P_{22} 的影响因子之和仍然是 1。

我们可用图 6-5 形象地表示上述插值过程:

以此类推,对 $n+1$ 个 $P_i (i=0,1,2,\cdots,n)$ 进行的类似插值过程可以图 6-6 表示,最终得到的插值点 P_m 计算式为:

$$P_m = P(t) = \sum_{i=0}^{n} P_i B_i^n(t) \qquad\qquad (2.12)$$

其中 $P_i (i=0,\ldots,n)$ 为控制顶点,是各控制顶点的影响因子,称为 Bernstein 基函数,其计算式为:

式(2.12)是以 $P_i (i=0,1,2,\cdots,n)$ 为控制顶点的 n 阶 Bezier 样条曲线的表达式。当 $n=1$、$n=2$ 时,(2.12)式分别转化为(2.7)式和(2.11)式,读者可自行验证。

(a)

(b)

图 6-4

图 6-5　　　　　　　　　　　　图 6-6

需注意的是,自由曲线上的等参数间距点不等分曲线。如图 6-4(b)参数域被三个分割点 $t=0.25$、$t=0.5$、$t=0.75$ 平均地分割为四等份,而在曲线上对应的分割点(黑色填充点)却不能等分曲线。例如图 6-4 参数域上的中点 $t=0.5$ 所对应的曲线上的点 $P(0.5)$ 并不是曲线的中点,而是更"靠近"P_3,这是因为控制顶点 P_2 与 P_3 更接近的缘故。

3. 自由曲面

自由曲面的生成原理可以看作是自由曲线生成原理的扩展,图 6-7 是一个 Bezier 曲面的生成示意。

图 6-7 中,$P_{ij}(i=1,2,3;j=1,2,3,4)$是由 3×4 个点组成的点阵。我们将 $P_{1j}(j=1,2,3,4)$作为控制顶点(其中 P_{11} 为起点,P_{14} 为终点),于是可以得到以 P_{1j} 为控制顶点的 Bezier 曲线 $P_1(t)$。将该曲线上参数为 u 的点记为 $P_1(u)$。

同样,我们还可以得到以 $P_{2j}(j=1,2,3,4)$为控制顶点的 Bezier 曲线 $P_2(t)$ 上参数为 u 的

图 6-7

点 $P_2(u)$，以及以 $P_{3j}(j=1,2,3,4)$ 为控制顶点的 Bezier 曲线 $P_3(t)$ 上参数为 u 的点 $P_3(u)$。

接下来，我们将 $P_1(u)$、$P_2(u)$、$P_3(u)$ 作为一组新的控制顶点，生成新的 Bezier 曲线，该曲线上参数为 v 的点记为 $P(u,v)$。当 u、v 在 0 到 1 之间取不同的值时，$P(u,v)$ 的位置也会不断变化，其运动轨迹形成一个曲面，称为以点阵 P_{ij} 为控制顶点的 Bezier 曲面 $P(u,v)$，其中 u、v 是曲面的参数。$P(u,v)$ 还可理解为曲面上参数为 u、v 的点。

显然，自由曲线是由 m 个控制顶点在一个参数方向进行插值得到的。而自由曲面则是由 $m\times n$ 的点阵经过两个参数方向的插值得到的。如在图 6-8 中，先是沿参数 u 方向插值，然后将得到的结果沿参数 v 方向插值，最终得到曲面上的点 $P(u,v)$。

需要注意的是，在图 6-8 中，如果我们先沿参数 v 方向插值，然后再沿参数 u 方向插值，所得到的点将与前述的结果完全一样。也就是说，不管先进行哪个方向的插值，由控制顶点 $P_{ij}(i=1,2,3;j=1,2,3,4)$ 所决定的 Bezier 曲面形状是唯一的。

现在我们再看一下沿参数 u 方向进行第一轮插值得到的结果 $P_1(u)$、$P_2(u)$ 和 $P_3(u)$，它们具有同样的 u 参数值，而以它们为控制顶点的 Bezier 曲线称为曲面 $P(u,v)$ 上沿参数 u 方向的等参数线，又称为等 u 参数线。例如，当取 $u=0.3$ 时，沿参数 u 方向进行第一轮插值得到的结果为 $P_1(0.3)$、$P_2(0.3)$ 和 $P_3(0.3)$，而以它们为控制顶点的 Bezier 曲线称为曲面 $P(u,v)$ 上 $u=0.3$ 的等参数线，记为 $P(0.3,v)$。

同样地，自由曲面 $P(u,v)$ 上具有相同的 v 参数值的点的集合称为曲面 $P(u,v)$ 上沿参数 v 方向的等参数线，又称为等 v 参数线。

提示：

自由曲面可看成是由无数条等参数曲线铺成的。

图 6-8 是自由曲面上等参数线的分布示意。可以看出，等参数线之间的间距是不均匀的，这是因为控制顶点的分布是散乱的。

等v参数线

v

u

等u参数线

图 6-8

4. 曲线、曲面的若干基本概念

在讲解了自由曲线和自由曲面的原理之后,我们简单介绍几个结论或概念,以便对读者正确理解自由曲线和曲面的特性有所帮助。

由式(2.12)可知,自由曲线 $P(t)$ 的形状是由两个因素决定的。一是控制顶点(如式 2.12 中的 P_i),包括控制顶点的个数和相对位置;二是各个控制顶点的影响因子计算式(如式 2.12 中的 $B_i^n(t)$)。

自由曲线(面)的类型是由影响因子计算式决定的,不同的曲线类型(如 Bezier 曲线、B 样条曲线、NURBS 曲线等)的区别主要在于它们有着不同的影响因子计算式。当前主流的 CAD/CAM 软件均采用非均匀有理 B 样条(NURBS)来表达自由曲线和自由曲面,虽然这种样条的控制顶点影响因子计算式比 Bezier 样条要复杂得多,但其基本生成原理是相似的。

由于 CAD 软件一般只采用一种固定的自由曲线(面)类型,因此用户主要通过控制顶点来确定自由曲线的形状。

在 CAD 软件中,往往允许用户以多种指定条件生成自由曲线。然而,不管用户以什么指定条件确定自由曲线,CAD 软件都要根据这些指定的条件计算出该自由曲线的控制顶点,因为在 CAD 软件中,自由曲线只能以控制顶点来表达。例如用户指定一组"通过点"确定自由曲线,即生成一条通过这些点的自由曲线。CAD 软件根据这些通过点的信息计算出一组特定的控制顶点,使得该组控制顶点所决定的自由曲线正好"穿过"这些通过点。这种根据用户提供的条件计算自由曲线控制顶点的过程称为反算拟合。

通过对 Bezier 曲线的生成原理的叙述,我们还可以观察到,一阶曲线有两个控制顶点,而二阶控制顶点有三个控制顶点。也就是说,单条自由曲线控制顶点的个数是它的阶数加 1。

显然,一条自由曲线的阶数越高,即控制顶点数越多,其形状就越灵活、越复杂。

 提示:

调整控制顶点可调整自由曲线的形状。单条自由曲线控制顶点的个数是阶数加 1。

6.1.2　曲面建模基本概念

1. 片体

指一个或多个没有厚度概念的面的集合,通常所说的曲面也就是片体。曲面建模工具中的直纹面、通过曲线、通过曲线网格面、扫掠、剖切曲面等在某些特定条件下,也可生成实体。此时可通过【建模首选项】对话框中的【体类型】选项来控制:选择【实体】,则所生成的是实体;选择【片体】,则所生成的是【片体】。

2. U、V 方向

从 13.1 节的曲面原理部分,可以看到曲面的参数表达式一般使用 U、V 参数,因此曲面的行与列方向用 U、V 来表示。通常曲面横截面线串的方向为 V 方向,扫掠方向或引导线方向为 U 方向,如图 6-9 所示。

图 6-9

3. 阶数

在计算机中,曲面是用一个(或多个)方程来表示的。曲面参数方程的最高次数就是该曲面的阶数。构建曲面时需要定义 U、V 两个方向的阶数,且阶数介于 2~24,通常尽可能使用 3~5 阶来创建曲面。曲面在 UG NX 中是作为特征存在的,因而可以用【编辑】|【特征】|【参数】来改变 V 方向的阶次。

4. 补片

曲面可以由单一补片构成,也可以由多个补片构成。如图 6-10 所示,(a)曲面是单一补片,即该曲面只有一个曲面参数方程,而(b)曲面是由多补片构成的,即该曲面有多个参数方程。

(a)　　　　　　　　　　　　(b)

图 6-10

提示：

补片类似于样条的段数。多补片并不意味着是多个面。

5. 栅格线

在线框显示模式下，为便于观察曲面的形状，常采用栅格线来显示曲面。栅格线对曲面特征没有影响。可以通过以下两种方式设置栅格线的显示数量。

● 选择菜单【编辑】|【对象显示】(快捷键 Ctrl+J)，弹出【类选择器】对话框，选择需要编辑的曲面对象后，按 MB2，弹出如图 6-11(a)所示【编辑对象显示】对话框。在【线框显示】组中即可设置 U、V 栅格数。

● 选择菜单【首选项】|【建模】，弹出如图 6-11(b)所示【建模首选项】对话框。

(a)   (b)

图 6-11

提示：

第一种设置方式只对所选对象有效，而第二种设置方法只对之后创建的对象有效。

6.1.3 曲面建构方法

按曲面构成原理，可将建构曲面的功能分成三类。

1. 基于点构成曲面

根据输入的点数据生成曲面，如：【通过点】、【从极点】、【从云点】等功能。这类曲面的特点是曲面精度较高，但光顺性较差，而且与原始点之间也不相关联，是非参数化的。由于编辑非参数化的几何体比较困难，因此应尽量避免使用这类功能。但在逆向造型中，常用来构建母面。

2. 基于曲线构成曲面

根据现有曲线构建曲面，如：【直纹面】、【通过曲线】、【网格面】、【扫掠面】、【截面体】等功能。这类曲面的特点是曲面与构成曲面的曲线是完全关联的，是全参数化的——编辑曲线后,曲面会自动更新。这类功能在构建曲面时,关键是曲线的构造,因而在构造曲线时应该尽可能仔细精确,避免如重叠、交叉、断点等缺陷。

3. 基于曲面构成新的曲面

根据已有曲面构建新的曲面,如:【桥接曲面】、【延伸曲面】、【放大面】、【偏置面】、【修剪面】、【圆角曲面】等,这类曲面也是全参数化的。事实上实体工具条中的【面倒圆】和【软倒圆】也属于这一类曲面功能。

6.1.4 基本原则与技巧

曲面建模所遵循的基本原则与技巧如下:

- 用于构成曲面的构造线应尽可能简单且保持光滑连续;
- 曲面次数尽可能采用 3~5 次,避免使用高阶次曲面;
- 使用多补片类型,但是在满足曲面创建功能的前提下,补片数越少越好;
- 尽量使用全参数化功能构造曲面;
- 面之间的圆角过渡尽可能在实体上进行;
- 尽可能先采用修剪实体,再用"抽壳"的方法建立薄壳零件;
- 对于简单的曲面,可一次完成建模;但实际产品往往比较复杂,一般难以一次完成,因此,对于复杂曲面,应先完成主要面或大面,然后光顺连接曲面,最后进行编辑修改,完成整体建模。

6.2 曲面建模常用命令介绍

6.2.1 由点构建曲面

在【曲面】工具条上,以点数据来构建曲面的工具包括通过点、从极点和从点云。接下来将这几个工具作详细介绍。

 提示:

基于点方式创建的曲面是非参数化的,即生成的曲面与原始构造点不关联。当构造点编辑后,曲面不会产生关联性更新变化。

1. 通过点

通过矩行阵列点来创建曲面,其主要特点是创建的曲面总是通过所指定的点。

单击【插入】|【曲面】|【通过点】命令,弹出如图 6-12 所示的对话框。该对话框中各选项的含义如图 6-12 所示。

- 补片类型:可以创建包含单个补片或多补片的体。有两种选择:
  - 单个:表示曲面将由一个补片构成。
  - 多个:表示曲面由多个补片构成。
- 沿以下方向封闭:当【补片类型】选择为【多个】时,激活此选项。有四种选择:
  - 两者皆否:曲面沿行与列方向都不封闭。
  - 行:曲面沿行方向封闭。
  - 列:曲面沿列方向封闭。

■ 两者皆是:曲面沿行和列方向都封闭。
● 行阶次/列阶次:指定曲面在 U 向和 V 向的阶次。
● 文件中的点:通过选择包含点的文件来定义这些点。

【例 6-1】 以通过点方式创建曲面

(1)打开 Surface_Through_Points.prt,然后单击曲面工具条上的【通过点】命令,弹出如所示的【通过点】对话框。

(2)保持默认设置,直接单击【确定】按钮,弹出如图 6-13 所示的【过点】对话框。

图 6-12

图 6-13

(3)单击【在矩形内的对象成链】按钮,弹出如所示的对话框,指定两个对角点,以框选第一列点,如图 6-14 所示。

(4)在框选的点中,指定最上面的点为起点,最下面的点为终点,如图 6-14 所示。

(5)重复步骤 3、4,指定完第四列点时,弹出如图 6-15 所示的对话框,单击【指定另一行】按钮。

图 6-14

图 6-15

(6)重复步骤 3、4、5,直至指定完所有点,然后单击如图 6-15 所示对话框中的【所有指定的点】按钮,曲面创建完毕,结果如图 6-16 所示。

2. 从极点

通过若干组点来创建曲面,这些点作为曲面的极点。利用该命令创建曲面,弹出的对话框及曲面创建过程与【通过点】相同。差别之处在于定义点作为控制曲面形状的极点,创建的曲面不会通过定义点,如图 6-17 所示。

图 6-16

图 6-17

 提示:

当指定创建点或极点时,应该用有近似相同顺序的行选择它们。否则,可能会得到不需要的结果,如图 6-18 所示。

| 正确的 | 不正确的 | 正确的 | 不正确的 |

图 6-18

3. 从点云

使用【从点云】命令可以创建逼近于大量数据点"云"的片体。

单击【插入】|【曲面】|【从点云】命令,弹出如图 6-19 所示的对话框。

该对话框中各选项含义如下所述。

● 选择点:可以直接通过鼠标选择点云,也可以通过【文件中的点】选择点云。

● U 向阶次/V 向阶次:用来设置结果曲面在 U 向和 V 向的阶次,可以设定的阶次范围为 1~24,建议输入值≤5。

● U 向补片数/V 向补片数:用来设定结果曲面在 U 和 V 两个方向的补片数目。默认值为 1,表示生成单补片曲面。

图 6-19

● 坐标系:由一条近似垂直于片体的矢量(对应于坐标系的 Z 轴)和两条指明片体的 U 向和 V 向的矢量(对应于坐标系的 X 轴和 Y 轴)组成。有 5 种选择:选择视图、WCS、当前视图、指定的 CSYS 和指定新的 CSYS。

● 边界:让用户定义正在创建片体的边界。片体的默认边界是通过把所有选择的数据点投影到 U−V 平面上而产生的。找到包围这些点的最小矩形并沿着法矢将其投影到点云上,此最小矩形称为【最小包围盒】。

提示:

阶次和补片数越大,精度越高,但曲面的光顺性越差。

【例6-2】 以从点云方式创建曲面

(1)打开 Surface_From_Clouds. prt,然后单击曲面工具条上的【从点云】命令,弹出如图 6-19 所示的对话框。

(2)在图 6-19 所示的【从点云】对话框中设置 U、V 向阶次分别为 3,U、V 向补片数分别为 1,其余参数采用默认值。

(a)   (b)   (c)

图 6-20

(3)在点区域左上角处按住左键不放,拖动鼠标指针至右下角,然后再释放左键,即可选中点数据,如图 6-20(a)所示。

(4)单击【确定】按钮,弹出如图 6-20(b)所示的【拟合信息】对话框,该对话框显示了所创建的曲面与原始点数据的平均值和最大值。

(5)单击【确定】按钮,即可根据所选点创建相应的曲面,如图 6-20(c)所示。

6.2.2　由线构建曲面

在【曲面】工具条上以定义的曲线来创建曲面的工具有直纹面、通过曲线组、通过曲线网格、扫掠、剖切曲面等。

 提示:

这类曲面是全参数化的,当构造曲面的曲线被编辑修改后曲面会自动更新。

1. 直纹面

【直纹面】又称为规则面,可看作由一系列直线连接两组线串上的对应点而编织成的一张曲面。每组线串可以是单一的曲线,也可以由多条连续的曲线、体(实体或曲面)边界组成。因此,直纹面的建立应首先在两组线串上确定对应的点,然后用直线将对应点连接起来。对齐方式决定了两组线串上对应点的分布情况,因而直接影响直纹面的形状。

【直纹面】工具提供了 6 种对齐方式。

(1)参数对齐方式

在 UG NX 中,曲线是以参数方程来表述的。参数对齐方式下,对应点就是两条线串上的同一参数值所确定点。

（2）等弧长对齐方式

两条线串都进行 n 等分，得到 n+1 个点，用直线连接对应点即可得到直纹面。n 的数值是系统根据公差值自动确定的。

（3）根据点对齐方式

由用户直接在两线串上指定若干个对应的点作为强制对应点。

（4）脊线对齐式、距离对齐方式及角度对齐方式

在脊线上悬挂一系列与脊线垂直的平面，这些平面与两线串相交就得到一系列对应点。

距离对齐方式与角度对齐方式可看作是脊线对齐方式的特殊情况，距离对齐方式相当于以无限长的直线为脊线，角度对齐方式相当于以整圆为脊线。

【例 6-3】　以参数对齐方式创建直纹面

（1）打开 Surface_Ruled.prt，然后单击【插入】|【网格曲面】|【直纹】命令，弹出如图 6-21（a）所示的对话框。

图 6-21

（2）指定两条线串：按所示选择线串。每条线串选择完毕都要按 MB2 确认，按下 MB2 后，相应的线串上会显示一个箭头，如图 6-21（b）所示。

（3）指定对齐方式及其他参数：【对齐】下拉列表中选择【参数】，其余采用默认值，如图 6-21（a）所示。

（4）单击【确定】按钮，结果如图 6-21（c）所示。

（5）将【参数】对齐方式改为【脊线】对齐方式：双击步骤（4）所创建的直纹面，系统弹出【直纹面】对话框，将对齐方式改为【脊线】，并选择如图 6-21（d）所示的直线作为脊线，单击【确定】按钮即可创建脊线对齐方式下的直纹面，如图 6-21（d）所示。

 提示：

对于大多数直纹面，应该选择每条截面线串相同端点，以便得到相同的方向，否则会得

到一个形状扭曲的曲面,如图6-22所示。

图 6-22

2. 通过曲线组

使用【通过曲线组】命令可以将通过一组多达150个的截面线串来创建片体或实体。

如图6-25所示为【通过曲线组】对话框,该对话框中各选项的含义如下所述。

(1)截面

【截面】选项区的主要作用是选择曲线组,所选择的曲线将自动显示在曲线列表框中。当用户选择第一组曲线后,需单击【添加新集】按钮,或者单击中键(MB2),然后才能进行第二组、第三组截面曲线的选择。

(2)连续性

选择第一个和/或结束曲线截面处的约束面,然后指定连续性。如图6-25(c)所示,第一条截面线串处为G0约束,最后截面线串处与其相邻曲面为G1约束。

● 应用于全部:将相同的连续性应用于第一个和最后一个截面线串。

● 第一截面/最后截面:选择的G0、G1或G2连续性。如果选中了【应用于全部】复选框,则选择一个便可更新这两个设置。

(3)对齐

该选项区的作用是控制相邻截面线串之间的曲面对齐方式。

(4)输出曲面选项

图 6-23

该选项区的选项设置如图6-23所示。

该选项区中常用选项的含义如下:

● 补片类型:补片类型可以是单个或多个。补片类似于样条的段数。多补片并不意味着是多个面。

● V向封闭:控制生成的曲面在V向是否封闭,即曲面在第一组截面线和最后一组截面线之间是否也创建曲面,如图6-24(a)、(b)所示。

 提示:

在【建模首选项】中,要确保【体类型】为【片体】,否则所创建的可能是一个实体,图6-24(c)所示。

(5)设置

该选项区主要控制曲面的阶次及公差。

在U方向(沿线串)中建立的片体阶次将默认为3。在V方向(正交于线串)中建立的

(a) (b) (c)

图 6-24

片体阶次与曲面补片类型相关,只能指定多补片曲面的阶次。

【例 6-4】 以通过曲线组方式创建曲面

(1)打开 Surface_Through_Curves. prt,然后单击【曲面】工具条上的【通过曲线组】命令,弹出如图 6-25(a)所示的对话框。

图 6-25

（2）选择截面线串：如图 6-25（b）所示，每条截面线串选择完毕后均需按 MB2 确定，或者单击【添加新集】按钮，相应的截面线串上会生成一个方向箭头和相应的数字编号，并且会自动添加到【通过曲线组】对话框的列表框中，如图 6-25（a）所示。

（3）设置参数：选择【对齐】方式为【参数】，在【最后截面】下拉列表中选择【G1（相切）】，并选择如图 6-25（b）所示的相切面。

（4）单击【确定】按钮，结果如图 6-25（c）所示。

3. 通过曲线网格

【通过曲线网格】就是根据所指定的两组截面线串来创建曲面。第一组截面线串称为主线串，是构建曲面的 U 向；第二组截面线称为交叉线，是构建曲面的 V 向。由于定义了曲面 U、V 方向的控制曲线，因而可更好地控制曲面的形状。

主线串和交叉线串需要在设定的公差范围内相交，且应大致互相垂直。每条主线串和交叉线都可由多段连续曲线、体（实体或曲面）边界组成，主线串的第一条和最后一条还可以是点。

【例 6-5】 以点作为主线串创建【通过曲线网格】曲面

（1）打开 Surface_Through_Curve_Mesh.prt，然后单击曲面工具条上的【通过曲线网格】命令，弹出如图 6-26（a）所示的对话框。

(a)

(b)

(c)

图 6-26

（2）指定主曲线：如图 6-26（b）所示，选择"点 1"为第 1 条主曲线，按 MB2；选择"曲线 4"作为第 2 条主曲线，按 MB2；选择"点 2"作为第 3 条主曲线，按 MB2；再单击一次 MB2，以表示主曲线已经选择完毕。选择"点"作为主线串时，可先将【选择条】中的【捕捉点】方式设置为"端点"方式。

（3）指定交叉曲线：如图 6-26（b）所示，选择曲线 1、2、3 作为交叉曲线，每条交叉线选择完毕后，均需按一次 MB2，在对应的交叉串上会生成一个方向箭头和相应的数字编号。

（4）设置参数：在【输出曲面选项】选项组中，【着重】下拉列表框中选择【两者皆是】；在【设置】组中，将【交点】公差设置为 0.5。

（5）单击【确定】按钮，结果如图 6-26（c）所示。

4. 扫掠

【扫掠】就是将轮廓曲线沿空间路径曲线扫描，从而形成一个曲面。扫描路径称为引导线串，轮廓曲线称为截面线串。

单击【曲面】工具条的【扫掠】命令，弹出如图 6-27 所示的【扫掠】对话框。

图 6-27

（1）引导线

引导线可以由单段或多段曲线（各段曲线间必须相切连续）组成，引导线控制了扫掠特征沿着 V 方向（扫掠方向）的方位和尺寸变化。扫掠曲面功能中，引导线可以有 1～3 条。

● 若只使用一条引导线，则在扫掠过程中，无法确定截面线在沿引导线方向扫掠时的方位（例如可以平移截面线，也可以平移的同时旋转截面线）和尺寸变化，如图 6-28 所示。因此只使用一条引导线进行扫掠时需要指定扫掠的方位与放大比例两个参数。

图 6-28

● 若使用两条引导线,截面线沿引导线方向扫掠时的方位由两条引导线上各对应点之间的连线来控制,因此其方位是确定的,如图 6-29 所示。由于截面线沿引导线扫掠时,截面线与引导线始终接触,因此位于两引导线之间的横向尺寸的变化也得到了确定,但高度方向(垂直于引导线的方向)的尺寸变化未得到确定,因此需要指定高度方向尺寸的缩放方式:

　　■ 横向缩放方式:仅缩放横向尺寸,高度方向不进行缩放。

　　■ 均匀缩放方式:截面线沿引导线扫掠时,各个方向都被缩放。

图 6-29

● 使用三条引导线,截面线在沿引导线方向扫掠时的方位和尺寸变化得到了完全确定,无需另外指定方向和比例,如图 6-30 所示。

图 6-30

（2）截面线

截面线也可以由单段或者多段曲线(各段曲线间不一定是相切连续,但必须连续)所组成,截面线串可以有 1～150 条。如果所有引导线都是封闭的,则可以重复选择第一组截面线串,以将它作为最后一组截面线串,如图 6-31 所示。

如果选择两条以上截面线串,扫掠时需要指定插值方式(Interpolation Methods),插值方式用于确定两组截面线串之间扫描体的过渡形状。两种插值方式的差别如图 6-32 所示。

● 线性:在两组截面线之间线性过渡。

第一组，并重复使用为最后一组截面线

第二组截面线串

封闭的引导线串

图 6-31

● 三次：在两组截面线之间以三次函数形式过渡。

截面线串1   截面线串2

线性过渡   三次过渡

图 6-32

（3）方向控制

在两条引导线或三条引导线的扫掠方式中，方位已完全确定，因此，方向控制只存在于单条引导线扫掠方式。关于方向控制的原理，请参阅错误！未找到引用源。节。扫掠工具中提供了 7 种方位控制方法，如图 6-27 所示。

● 固定的：扫掠过程中，局部坐标系各个坐标轴始终保持固定的方向，轮廓线在扫掠过程中也将始终保持固定的姿态。

● 面的法向：局部坐标系的 Z 轴与引导线相切，局部坐标系的另一轴的方向与面的法向方向一致，当面的法向与 Z 轴方向不垂直时，以 Z 轴为主要参数，即在扫掠过程中 Z 轴始终与引导线相切。“面的法向”从本质上来说就是“矢量方向”方式。

● 矢量方向：局部坐标系的 Z 轴与引导线相切，局部坐标系的另一轴指向所指定的矢量的方向。需注意的是此矢量不能与引导线相切，而且若所指定的方向与 Z 轴方向不垂直，则以 Z 轴方向为主，即 Z 轴始终与引导线相切。

● 另一曲线：相当于两条引导线的退化形式，只是第二条引导线不起控制比例的作用，而只起方位控制的作用：引导线与所指定的另一曲线对应点之间的连线控制截面线的方位。

● 一个点：与“另一曲线”相似，只是曲线退化为一点。这种方式下，局部坐标系的某一轴始终指向一点。

● 强制方向：局部坐标系的 Z 轴与引导线相切，局部坐标系的另一轴始终指向所指定的矢量的方向。需注意的是此矢量不能与引导线相切，而且若所指定的方向与 Z 轴方向不垂直,则以所指定的方向为主,即 Z 轴与引导线并不始终相切。

(4)比例控制

三条引导线方式中,方向与比例均已经确定;两条引导线方式中,方向与横向缩放比例已确定,所以两条引导线中比例控制只有两个选择:横向缩放方式及均匀缩放方式。因此,这里所说的比例控制只适用于单条引导线扫掠方式。单条引导线的比例控制有以下 6 种方式,如图 6-27 所示。

● 恒定:扫掠过程中,沿着引导线以同一个比例进行放大或缩小。

● 倒圆函数:此方式下,需先定义起始与终止位置处的缩放比例,中间的缩放比例按线性或三次函数关系来确定。

● 另一条曲线:与方位控制类似,设引导线起始点与"另一曲线"起始点处的长度为 a,引导线上任意一点与"另一曲线"对应点的长度为 b,则引导线上任意一点处的缩放比例为b/a。

● 一个点:与"另一曲线"类似,只是曲线退化为一点。

● 面积规律:指定截面(必须是封闭的)面积变化的规律。

● 周长规律:指定截面周长变化的规律。

(5)脊线

使用脊线可控制截面线串的方位,并避免在导线上不均匀分布参数导致的变形。当脊线串处于截面线串的法向时,该线串状态最佳。

在脊线的每个点上,系统构造垂直于脊线并与引导线串相交的剖切平面,将扫掠所依据的等参数曲线与这些平面对齐,如图 6-33 所示。

(a) 不使用脊线　　　　　　　　　　　(b) 使用脊线

图 6-33

💡 提示:

脊线与 2 条或 3 条引导线串一起使用或与一条引导线串和一方向线串一起使用。

【例 6-6】 用单截面线、双引导线方式创建【扫掠】曲面

(1)打开 Surface_Swept. prt,然后单击曲面工具条的【扫掠】命令,弹出如图 6-27 所示的【扫掠】对话框。

(2)选择截面线串:选择如图 6-34(a)所示的截面线串,选择完毕后,按 MB2,将其添加到【截面】组列表中。截面线串选择完毕后,再次按 MB2。

(3)选择引导线串:选择如图 6-34(a)所示的引导线串,每条引导线串选择完毕后,按MB2,将其添加到【引导线】组列表中。

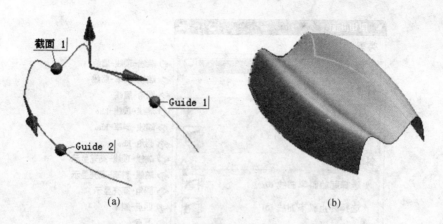

| (a) | (b) |

图 6-34

（4）设置参数：指定对齐方法为【参数】，缩放方式为【均匀】。

（5）单击【确定】按钮，结果如图 6-34(b)所示。

6. 剖切曲面

使用【剖切曲面】命令可使用二次曲线构造方法创建曲面。先由一系列选定的截面曲线和面计算得到二次曲线，然后计算的二次曲线被扫掠建立曲面，如

图 6-35 所示。

图 6-35

单击【曲面】工具体上的【剖切曲面】命令，弹出如图 6-36 所示的对话框。

 提示：

需要注意的是，对话框中的"端点"、"顶点"、"肩点"、"五点"等名称中的"点"，实际上是构建剖切曲面的曲线，之所以称为"点"，是因为曲线在截面上是表现为一个"点"。

【例 6-7】 用【三点—圆弧】方式创建剖切曲面

（1）打开 Surface_Sections_1.prt，然后单击【曲面】工具体上的【剖切曲面】命令，弹出如图 6-36 所示的对话框。

（2）在【类型】下拉列表中选择【三点—圆弧】。

（3）根据状态栏的提示，依次选择"起始引导线"、"终止引导线"、"内部曲线"和"脊线"，

图 6-36

如图 6-37(b)所示，起始引导线同时作为脊线。每条曲线选择完毕后，均需按 MB2。

图 6-37

(4)单击【确定】按钮，结果如图 6-37(c)所示。

【例 6-8】 以【二点—半径】方式创建剖切曲面

(1)打开 Surface_Sections_2.prt，然后单击【曲面】工具体上的【剖切曲面】命令，弹出如图 6-36 所示的对话框。

(2)在【类型】下拉列表中选择【二点-半径】。

(3)根据状态栏的提示，依次选择"起始引导线"、"终止引导线"及"脊线"，如图 6-38(a)

所示。

图 6-38

(4)在【截面控制】选项组中,选择规律类型为【线性】,开始值为3,结束值为5,如图 6-39 所示。

(5)单击【确定】按钮,结果如图 6-38(b)所示。

 提示:

半径必须大于弦长距离的一半。

图 6-39

【例 6-9】 以【线性—相切】方式创建剖切曲面

(1)打开 Surface_Sections_3.prt,然后单击【曲面】工具体上的【剖切曲面】命令,弹出如图 6-36 所示的对话框。

(2)在【类型】下拉列表中选择【线性-相切】。

(3)根据状态栏的提示,依次选择"起始引导线"和"起始面",如图 6-40(a)所示。

(4)选择起始引导线作为脊线。

(5)设置参数:在【截面控制】选项组中设置【规律类型】为【恒定】,输入值为 0。

(6)在本例中共有两种创建曲面的结果,分别如图 6-40(b)、(c),单击【显示备选解】按钮,可在这两种解之间进行切换,

图 6-40

(7)选择需要的一种解,单击【确定】按钮,剖切曲面创建完毕。

6.2.3 基于已有曲面构成新曲面

1. 延伸曲面

【延伸曲面】就是在已有曲面的基础上,将曲面的边界或曲面上的曲线进行延伸,生成新

的曲面。

单击【曲面】工具条的【延伸曲面】命令,弹出如图 6-41 所示的对话框。

图 6-41

共有两种延伸方法,如图 6-42 所示。

图 6-42

(1)相切的

从指定的曲面边缘,沿着曲面的切向方向延伸,生成一个与该曲面相切的延伸面。相切延伸在延伸方向的横截面上是一条直线。

(2)圆形

从指定的曲面边缘,沿着曲面的切向方向延伸,生成一个与该曲面相切的延伸面。圆弧延伸部分的横截面是一段圆弧,圆弧的半径与曲面边界处的曲率半径相等,需注意的是圆弧延伸的边界必须是等参数边,且不能被修剪过。

提示:

读者在概念上需要清楚的是,延伸生成的是新曲面,而不是原有曲面的伸长。

【例 6-10】 创建相切延伸曲面

(1)打开 Surface_Extension_1.prt,然后单击【曲面】工具条的【延伸曲面】命令,弹出如图 6-41 所示的对话框。

（2）在【延伸】|【方法】选项中选择【相切】，如图 6-41 所示的对话框。

（3）在【延伸】|【距离】选项中选择【按长度】。

（4）选择基本曲面。

（5）选择要延伸的边（此时光标变成十字形），如图 6-43 所示，系统会临时显示一个箭头，表示曲面的延伸方向。

（6）输入延伸长度为 20。

（7）单击【确定】按钮，结果如图 6-44 所示。

图 6-43 图 6-44

🕛 提示：

选取边时需要注意光标应位于面内靠近这条边处。如果该操作不成，再重复操作几遍或者转一个视角进行选择便可。

2. N 边曲面

【N 边曲面】允许用形成一简单闭环的任意数目曲线构建一曲面，可以指定与外侧面的连续性。

单击【曲面】工具条上的【N 边曲面】命令，弹出如图 6-45 所示的对话框。

图 6-45

对话框中主要选项含义如下：

- 类型：可以创建两种类型的 N 边曲面，如图 6-46 所示。
  - 已修剪：根据选择的封闭曲线建立单一曲面。

■ 三角形：根据选择的封闭曲线创建的曲面，由多个单独的三角曲面片组成。这些三角曲面片体相交于一点，该点称为 N 边曲面的公共中心点。

图 6-46

● 外部环：选择定义 N 边曲面的边界曲线。

● 约束面：选取约束面的目的是，通过选择的一组边界曲面，来创建位置约束、相切约束或曲率连续约束。

● 形状控制：选取【约束面】后，该选项才可以使用。在该下拉列表中，可以选择的列表项包括 G0、G1 和 G2 三种。

● 设置：主要控制 N 边曲面的边界。

■ 修剪到边界：仅当类型设置为【已修剪】时才显示。如果新的曲面是修剪到指定边界曲线或边，则选中此复选框。

■ 尽可能合并面：仅当类型设置为【三角形】时才显示。选中此复选框以把环上相切连续的部分视为单个的曲线，并为每个相切连续的截面建立一个面。如果未选中此复选框，则为环中的每条曲线或边建立一个曲面。

■ G0（位置）：通过仅基于位置的连续性（忽略外部边界约束）连接轮廓曲线和曲面。

■ G1（相切）：通过基于相切于边界曲面的连续性连接曲面的轮廓曲线。

【例 6-11】 以已修剪方式创建 N 边曲面

（1）打开 Surface_Nside. prt，然后单击【曲面】工具条上的【N 边曲面】命令，弹出如图 6-45 所示的对话框。

（2）分别选择如图 6-47 所示的"外环"、"约束面"和"内部曲线"。

（3）设置参数：选择【UV 方向】为【面积】，选择【设置】选项组中的【修剪到边界】复选框。

（4）单击【确定】按钮，结果如图 6-48 所示。

图 6-47   图 6-48

提示：

创建的 N 边曲面会通过内部曲线。

3. 偏置曲面

将指定的面沿法线方向偏置一定的距离，生成一个新的曲面。

在偏置操作过程中，系统会临时显示一个代表基面法向的箭头，双击该箭头可以沿着相反的方向偏置。若要反向偏置，也可以直接输入一个负值。

【例 6-12】 将曲面向外偏置 25mm

(1)打开 Surface_Offset.prt，然后单击【插入】|【偏置缩放】|【偏置曲面】命令，弹出如图 6-49 所示对话框。

图 6-49

(2)选择要偏置的面。

(3)输入偏置距离为 25。

(4)单击【确定】按钮，即可完成偏置曲面的创建。

提示：

向曲面内凹方向偏置时，过大的偏置距离可能会产生自交，导致不能生成偏置曲面。

偏置曲面与基面之间具有关联性，因此修改基面后，偏置曲面跟着改变，但修剪基面，不能修剪偏置曲面；删除基面，偏置曲面也不会被删除。

4. 修剪的片体

【修剪的片体】是指利用曲线、边缘、曲面或基准平面去修剪片体的一部分。

单击【插入】|【修剪】|【修剪片体】命令，弹出如图 6-50(a)所示的对话框。

该对话框中各选项含义如所示。

● 目标：要修剪的片体对象。

● 边界对象：去修剪目标片体的工具如曲线、边缘、曲面或基准平面等。

● 投影方向：当边界对象远离目标片体时，可通过投影将边界对象(主要是曲线或边

图 6-50

缘)投影在目标片体上,以进行投影。投影的方法有垂直于面、垂直于曲线平面和沿矢量。

● 区域:要保留或是要移除的那部分片体。

■ 保持:选中此单选按钮,保留光标选择片体的部分。

■ 舍弃:选中此单选按钮,移除光标选择片体的部分。

● 保持目标:修剪片体后仍保留原片体。

● 输出精确的几何体:选择此复选框,最终修剪后片体精度最高。

● 公差:修剪结果与理论结果之间的误差。

【例 6-13】 用基准平面和曲线修剪片体

(1)打开 Surface_Trimmed_Sheet.prt,然后单击【插入】|【修剪】|【修剪片体】命令,弹出如图 6-50(a)所示的对话框。

(2)用基准平面修剪片体:首先选择要被修剪的曲面,然后选择基准平面作为目标体,单击【应用】按钮,即可用所选基准平面修剪片体,如图 6-50(c)所示。

(3)用曲线修剪片体:如图 6-51 所示,选择曲面为目标片体,曲线为边界对象,在【选择区域】组中选择【舍弃】单选按钮,单击【确定】按钮,即可用所选曲线修剪片体。

提示:

在使用【修剪的片体】工具进行操作时,应注意修剪边界对象必须要超过目标体的范围,否则无法进行正常操作。

图 6-51

5．修剪和延伸

【修剪和延伸】是指使用由边或曲面组成的一组工具对象来延伸和修剪一个或多个曲面。

单击【插入】|【修剪】|【修剪与延伸】命令，弹出如图 6-52(a)所示的对话框。

对话框中包含了 4 种修剪和延伸类型：按距离、已测量百分比、直至选定对象和制作拐角。前面两种类型主要用于创建延伸曲面，后面两种类型主要用于修剪曲面。

图 6-52

（1）按距离

按一定距离来创建与原曲面自然曲率连续、相切或镜像的延伸曲面。不会发生修剪。

（2）已测量百分比

按新延伸面中所选边的长度百分比来控制延伸。不会发生修剪。

（3）直至选定对象

修剪曲面至选定的参照对象，如面或边等。应用此类型来修剪曲面，修剪边界无须超过目标体。

（4）制作拐角

在目标和工具之间形成拐角。

【例 6-14】 以直至选定对象方式修剪和延伸曲面

（1）打开 Surface_Trim_and_Extend.prt，然后单击【插入】|【修剪】|【修剪与延伸】命令，弹出如图 6-52(a)所示的对话框。

（2）在【类型】下拉列表中选择【直至选定对象】。

（3）修剪曲面

● 如图 6-52(b)所示，选择的目标面，按 MB2，然后选择目标边，此时会出现预览效果。

● 单击【应用】按钮，即可完成曲面的修剪，结果如图 6-52(c)所示。

（4）延伸曲面

①如图 6-53(a)所示，选择目标边，按 MB2，然后选择刀具边，可以根据预览效果反转箭头方向。

②单击【确定】按钮，即可完成曲面的延伸，结果如图 6-53(b)所示。

刀具边

目标边

(a)   (b)

图 6-53

 提示：

选择目标边和刀具边时，可以将选择条上的【曲线规则】设为【相切曲线】。

6.2.4　编辑曲面

大多数设计工作不可能一蹴而就，需要进行一定的修改。UG NX 系统提供两种曲面编辑方式，一种是参数化编辑，另一种是非参数化编辑。

参数化编辑：大部分曲面具有参数化特征，如直纹面、通过曲面组曲面、扫掠面等。这类曲面可通过编辑特征的参数来修改曲面的形状特征。

非参数化编辑：非参数化编辑适用于参数化特征与非参数化特征，但特征被编辑之后，特征的参数将丢失，因此在非参数化编辑中，系统会弹出如图 6-54 所示的【确认】对话框，以提示此操作将移除特征的参数。

在非参数化编辑中，为保留原始参数，系统还会提供两个选项，如图 6-55 所示。

图 6-54   图 6-55

● 编辑原先的片体：在所选择的曲面上直接进行编辑，编辑后曲面的参数将丢失，一旦存盘，参数将无法恢复。

● 编辑副本：编辑之前，系统自动复制所选曲面，然后编辑复制体编辑。复制体与原曲面不具有相关性，即编辑原曲面后，复制体不会随之改变。

【编辑曲面】工具条中编辑功能大多是非参数化编辑特征方法，工具条如错误！未找到引用源。所示。

1. 移动定义点

使用【移动定义点】命令可以移动片体上的点（定义点）。使用该选项时，显示如图 6-54 所示的【确认】对话框，指出该操作将从片体中移除参数。

2. 移动极点

使用【移动极点】命令可以移动片体的极点。这在曲面外观形状的交互设计（如消费品和汽车车身）中非常有用。

3. 扩大

【扩大】是指将未修剪过的曲面扩大或缩小。扩大功能与延伸功能类似，但只能对未经修剪过的曲面扩大或缩小，并且将移除曲面的参数。

单击【编辑曲面】工具条上的【扩大】命令，弹出如图 6-56所示的对话框。

该对话框中各选项含义如下：

● 选择面：选择要扩大的面。

● 调整大小参数：设置调整曲面大小的参数。

■ 全部：选择此复选框，若拖动下面的任一数值滑块，则其余数值滑块一起被拖动，即曲面在 U、V 方向上被一起放大或缩小。

■ %U 起点/%U 终点/%V 起点、%V 终点：指定片体各边的修改百分比。

■ 重置调整大小参数：使数值滑块或参数回到初始状态。

图 6-56

● 模式：共有线性和自然两种模式，如图 6-57 所示。

■ 线性：在一个方向上线性延伸片体的边。线性模式只能扩大面，不能缩小面。

原始片体　　　　　线性延伸30%　　　　　自然延伸30%

图 6-57

- 自然：顺着曲面的自然曲率延伸片体的边。自然模式可增大或减小片体的尺寸。
- 编辑副本：对片体副本执行扩大操作。如果没有选择此复选框，则将扩大原始片体。

4. 边界

使用边界可以修改或替换片体的现有边界。可以移除修剪或移除片体上独立的孔，或者，如果片体是单面片体，则可以延伸边界。

共有三种编辑片体边界的方式。

- 移除孔：用于从片体中移除孔。
- 移除修剪：移除在片体上所作的修剪（即：边界修剪和孔），并将体恢复至参数四边形的形状，如所示。
- 替换边：用当前片体内或外的新边来替换某个片体的单个或连接的边，如图 6-58(b)所示。

(a) 移除修剪　　　　　　　　　　　　　(b) 替换边

图 6-58

【例 6-15】 移除孔

(1)单击编辑曲面工具条上的【边界】命令，弹出如图 6-59 所示的对话框。

(2)选择【编辑原先的片体】单选按钮，并选择曲面，弹出如图 6-60 所示的对话框。

图 6-59

图 6-60

（3）单击【移除孔】按钮。

（4）选择孔的边界，如图 6-61 所示。

（5）单击【确定】按钮，结果如图 6-62 所示。

选择孔的边界

图 6-61

图 6-62

6.2.5 曲面分析

建模过程中，经常需要对曲面进行形状的分析和验证，从而保证所建立的曲面满足要求。本节主要介绍一些常用的曲面分析工具，包括：剖面分析、曲面连续性分析、半径分析、反射分析、斜率分析、距离分析等。

1. 截面分析

剖面分析是用一组平面与需要分析的曲面相交，得到一组交线，然后分析交线的曲率、峰值点和拐点等，从而分析曲面的形状和质量。

单击【形状分析】工具条上的【截面分析】命令图标，或选择菜单【分析】|【形状】|【截面】命令，弹出如图 6-63 所示的对话框。

常用创建截面的方法有以下三种。

● 平行平面：剖切截面为一组指定数量或间距的平行平面，如图 6-64 所示。

● 等参数：剖切截面为一组沿曲面 U、V 方向，根据指定的数量或间距创建的平面，如图 6-65 所示。

图 6-63

图 6-64

图 6-65

● 曲线对齐:创建一组和所选择曲线垂直的截面,如图 6-66 所示。

图 6-66

2. 高亮线分析

高亮线是通过一组特定的光源投射到曲面上,形成一组反射线来评估曲面的质量。旋转、平移、修改曲面后,高亮反射线会实时更新。

单击【形状分析】工具条上的【高亮线】命令,或选择菜单【分析】|【形状】|【高亮线】命令,弹出如图 6-67 所示的对话框。

(1)产生高亮线的两种类型

高亮线是一束光线投向所选择的曲面上,在曲面上产生反射线。【反射】类型是从观察方向察看反射线,随着观察方向的改变而改变;而【投影】类型则是直接取曲面上的反射线,与观察方向无关,如图 6-68 所示。

反射的光束是沿着动态坐标系的 YC 轴方向的,旋转坐标系的方向可以改变反射线的形状,同样,改变屏幕视角的方向也可以显示不同的反射形状。但选择【锁定反射】复选框,使其锁定,那么旋转视角方向也不会改变反射线的形状。

图 6-67

(a)反射   (b)投影

图 6-68

(2)光源类型

● 均匀:一种等间距的光源,可以在【光源数】文本框中设定光束的条数(≤200),【光源间距】文本框中设定光束的间距,如图 6-69(a)所示。

● 通过点:高亮线通过在曲面上指定的点,如图 6-69(b)所示。

● 在点之间:在用户指定的曲面上的两个点之间创建高亮线,如图 6-69(c)所示。

(a)　反射线通过指定的点 (b)　在指定的两点间创建4条反射线 (c)

图 6-69

3. 曲面连续性分析

利用曲面的连续性分析可以分析两组曲面之间的连续性,包括位置连续(G0)、相切连续(G1)、曲率连续(G2)以及曲率的变化率连续(G3)。

单击【形状分析】工具条上的【曲面连续性分析】命令,或选择菜单【分析】|【形状】|【曲面连续性分析】,弹出如图 6-70 所示的对话框。

(1)类型

● 边到边:分析两组边缘线之间的连续性关系。

● 边到面:分析一组边缘线与一个曲面之间的连续性关系。

【边到边】和【边到面】两个选项仅选择步骤不同,其分析方法相同。

(2)对照对象

● 选择边 1:选择要充当连续性检查基准的第一组边;选择希望作为参考边的边的相邻面。

● 选择边 2:如果正在使用的类型是边到边,则选择第二组边;如果正在使用的类型是边到面,则选择一组面,将针对这些面测量与第一组边的连续性。

图 6-70

(3)连续性检查

指定连续性分析的类型。

● G0 连续用于检测两条边缘之间的距离分布,其误差单位是长度。若两条边缘重合(即位置连续),则其值为 0。

● G1 连续用于检测两条边缘线之间的斜率连续性,斜率连续误差的单位是弧度。若两曲面在边缘处相切连续,则其值为 0。

● G2 连续用于检查两组曲面之间曲率误差分布,其单位是 1。曲率连续性分析时,可选用不同的曲率显示方式:截面、高斯、平均、绝对。

● G3 连续是检查两组曲面之间曲率的斜率连续性(曲率的变化率)。

(4)针显示

● 显示连续性针:为当前选定的曲面边和连续性检查显示曲率梳。如果曲面有变化,梳状图会针对每次连续性检查动态更新。

- 建议比例因子：自动将比例设为最佳大小。
- 针比例：通过拖动滑块或输入值来控制曲率梳的比例或长度。
- 针密度：通过拖动滑块或输入值来控制梳中显示的总齿数。
- 标签：显示每个活动的连续性检查梳的近似位置以及最小和/或最大值。

🔆 提示：

可以使用键盘方向来更改针比例和针密度，针比例或针密度选项上必须有光标焦点。

4. 面分析－半径

半径分析主要用于分析曲面的曲率半径，并且可以在曲面上把不同曲率半径以不同颜色显示，从而可以清楚分辨半径的分布情况以及曲率变化。

【例 6-16】 半径分析

(1)打开 ch13\Face Analysis-Radius. prt，单击【形状分析】工具条上【面分析-半径】命令，或选择菜单【分析】|【形状】|【半径】命令，弹出如图 6-71(a)所示的对话框。

图 6-71

(2)设置参数：通常可采用默认值。

(3)选择待要分析的曲面：选择曲面后，即可显示曲面半径分布规律。

(4)选择【半径类型】为【高斯】。

(5)选择【显示类型】。

● 云图：着色显示曲率半径，颜色变化代表曲率变化，如图 6-71(b)所示。

● 刺猬梳：显示曲面上各栅格点的曲率半径梳图，并且使用不同的颜色代表曲率半径，每一点上的曲率半径梳直线垂直于曲面，用户可以自定义刺猬梳的锐刺长度，如图 6-71(c)所示。

● 轮廓线：使用恒定半径的轮廓线来表示曲率半径，每一条曲线的颜色都不相同，用户可指定显示的轮廓线数量，最大为 64 条，如图 6-71(d)所示。

5. 面分析-反射

反射分析，主要是仿真曲面上的反射光，以分析曲面的反射特性。由于反射图形类似于斑马条纹，故其条纹通常又被称为斑马线。利用斑马线可以评价曲面间的连续情况，如图 6-72所示为两个曲面拼接后的斑马线评价情况。

(a)

(b)

(c)

(d)

图 6-72

图 6-72(a)图的两曲面是 G0 连续，所以斑马线在公共边界处相互错开；(b)图的两曲面是 G1 连续，两曲面的斑马线是对齐的，但在公共边界处有尖角；(c)图的两曲面是 G2 连续，两曲面的斑马线在拼接处光滑过渡；(d)图是 G3 连续情况。可见，斑马线越均匀，曲面质量越高。

【例 6-17】 反射分析

(1)打开 ch13\Face Analysis-Reflection.prt，单击【形状分析】工具条上【面分析-反射】命令，或选择菜单【分析】|【形状】|【反射】命令，弹出如图 6-71(a)所示的对话框。

(2)选择【图像类型】为【场景图像】，选择如图 6-71(a)所示第二幅图，其余保持默认设置。

(3)单击【确定】按钮，反射分析结果如图 6-71(b)所示。

6. 面分析-斜率

斜率分析是分析曲面上每一点的法向与指定的矢量方向之间的夹角，并通过颜色图显示和表现出来。在模具设计分析中，曲面斜率分析方法应用很广泛，主要以模具的拔模方向为参考矢量，对曲面的斜率进行分析，从而判断曲面的拔模性能。

斜率分析与反射分析相似，不同之处是需要指定一个矢量方向。在此不再赘述。

7. 面分析-距离

距离分析用于分析选择曲面与参考平面之间的距离，进而分析曲面的质量。

(a)

(b)

图 6-73

【例 6-18】 距离分析

(1)打开 Face Analysis-Distance. prt,然后单击【形状分析】工具条上的【面分析-距离】命令,或选择菜单【分析】|【形状】|【距离】命令,弹出【平面】对话框,用于指定或构造一个参考平面。

(2)选择或构造一个平面:如图 6-74(b)所示,选择的、直线(注意不要选中直线的控制点),然后选择直线靠近曲面一侧的端点,系统自动构建一个过直线端点且垂直于直线的基准平面。

(3)单击【确定】按钮,弹出如图 6-74(a)所示的【面分析-距离】对话框,并在曲面上以颜色显示曲面到参考平面的距离,如图 6-74(c)所示。

8. 拔模分析

通常对于钣金成型件、汽车覆盖件模具、模塑零件,沿拔模方向的侧面都需要一个正向的拔模斜度,如果斜度不够或者甚至出现反拔模斜度,那么所设计的曲面就是不合格的。拔模分析提供对指定部件反拔模状况的可视反馈,并可以定义一个最佳冲模冲压方向,以使反拔模斜度达到最小值。

图 6-74

【例 6-19】 拔模分析

(1)打开 ch13\Draft Analysis.prt,单击【形状分析】工具条上【拔模分析】命令,或选择菜单【分析】|【形状】|【拔模】命令,弹出如所示的对话框。系统临时显示一动态坐标系,曲面颜色分区显示,如图 6-75(a)、(b)所示。

(2)动态坐标系的 Z 轴就是分析中所使用的拔模方向。在【目标】选项中选择要分析的面,接着在【指定矢量】中选择 Z 轴,曲面上的颜色区域随之发生变化,如图 6-75(d)所示。

💡 提示:

拔模分析中使用 4 种颜色来区分不同的拔模区域:曲面法向与拔模方向正向(Z 轴正向)的夹角小于 90°,默认用绿色表示;曲面法向与拔模负向(Z 轴负向)的夹角小于 90°,默认用红色表示;在红色和绿色之间可以设置过渡区域,可以设置 −15°~0 及 0~15° 作为过渡区域,改变该区域只需在对话框中拖动【限制】滑块即可。

在对话框中选择【显示等斜线】复选框,系统可以显示颜色中间的分界线,单击【保存等斜线】按钮可以将等斜线保留下来。

图 6-75

6.3 小家电外壳建模实例

图 6-76(a)是某一塑料件的完整模型,其二维图请参阅 Appliances_Shell. pdf,图 6-76 (b)是产品本体的模型(凸台已被删除)。

操作步骤如下:

6.3.1 制作本体

(1)以 X-Y 平面为草图平面创建第一个草图,如图 6-77 所示。

(2)调整 WCS:先绕 Z 轴旋转 $-90°$,再绕 X 轴旋转 $90°$,最后沿 Z 轴移动 $80°$,结果如图 6-78所示。

(a)   (b)

图 6-76

图 6-77   图 6-78

（3）以 X-Y 平面为草图平面创建第二个草图，其中 R300 的圆弧距 Y 轴为 10，如图 6-79 所示。

（4）调整 WCS：先绕 Y 轴旋转 180°，再沿 Z 轴移动 180，结果如图 6-80 所示。

图 6-79   图 6-80

（5）以 X-Y 平面为草图平面创建第三个草图，其中 R300 的圆弧距 Y 轴为 10，如图 6-81 所示。

（6）调用【曲线长度】工具，延长如图 6-82 所示的两条曲线。

（7）调用【扫掠】工具生成侧面，如图 6-83 所示。

（8）拉伸其余侧面，其开始距离为 0，结束距离为 60，如图 6-84 所示。

（9）修剪组合所有侧面，如图 6-85 所示。

图 6-81

图 6-82

图 6-83

图 6-84

图 6-85

（10）调整 WCS：首先移动 WCS 到绝对坐标系，然后沿 Z 轴移动 50，结果如图 6-86 所示。

（11）创建一条与 Y 轴重合的直线，并将其拉伸成面，直线长度和拉伸长度只要超过所有的侧面即可，如图 6-87 所示。

（12）调用【曲线长度】工具，将图 6-88 所示的两条曲线的两端各延长 20。

（13）调用【剖切曲面】工具，选择【圆相切】类型，创建剖切曲面，如图 6-89 所示。

图 6-86

图 6-87

图 6-88

图 6-89

(14)以同样的方式在另一侧创建圆相切曲面,如图 6-90 所示。

(15)调用【修剪和延伸】工具,以步骤 11)创建的拉伸为目标,以步骤 13)创建的剖切曲面为刀具,修剪曲面,如图 6-91 所示。

(16)以同样的方式修剪另一侧的剖切曲面,然后再以所有顶面为刀具,修剪并组合顶面和侧面,结果如图 6-92 所示。

图 6-90

图 6-91

图 6-92

(17)以步骤(1)创建的草图为"平面截面",创建有界平面,如图 6-93 所示。

(18)缝合所有面。

(19)以 Z 轴为拔模矢量,以图 6-94 所示的边为固定边缘创建拔模特征,拔模角度为 2°。

图 6-93   图 6-94

(20)为侧面个边倒圆角,各圆角值如图 6-95 所示。

图 6-95

(21)为顶边变半径倒圆角,如图 6-96 所示。

图 6-96

6.3.2 凸台制作

(1)调整 WCS:首先沿 X 轴移动 65,然后沿 Y 轴移动 10,结果如图 6-97(a)所示。

(2)以 WCS 的 X-Y 平面为草图平面创建第四个草图,如图 6-97(b)所示。

(a)　　　　　　　　　　　　　(b)

图 6-97

(3)以步骤(2)创建的草图为截面曲线,创建拉伸特征,其参数设置如图 6-98 所示。

图 6-98

(4)调整 WCS,使其绕着 X 轴旋转 90°,如图 6-99 所示。

(5)以 WCS 的 X-Y 平面为草图平面创建第五个草图,如图 6-100 所示。

图 6-99

图 6-100

（6）调整 WCS，使其绕着 Y 轴旋转 90°，如图 6-101 所示。

（7）以 WCS 的 X-Y 平面为草图平面创建第六个草图，如图 6-102 所示。

图 6-101

图 6-102

（8）以步骤（27）创建的草图为截面，以步骤（29）创建的草图为引导线，创建扫略面，如图 6-103 所示。

图 6-103

（9）调用【替换面】工具将实体的顶面替换为扫略面，如图 6-104 所示。

（10）倒圆角，其中凸台侧面四边的圆角值为 8，顶边的圆角值为 3，如图 6-105 所示。

图 6-104

6.3.3 本体与凸台之间的圆角连接

(1)将本体和凸台布尔求和。

(2)边倒圆,如图 6-106 所示。

图 6-105

图 6-106

6.4 手机外壳底板曲面建模

参照文件 Mobile_Shell_Bottom.jpg,完成如图 6-107 所示的手机底板外壳的建模。

图 6-107

171

操作步骤如下：

由于篇幅限制，这里仅介绍大致的操作过程，具体步骤请参照本书视频。

（1）在 XC-YC 平面上创建草图 1，如图 6-108 所示。（需注意草图方位，下同）

图 6-108　创建草图

（2）在 XC-ZC 平面上创建草图 2，如图 6-109 所示。

图 6-109　创建草图

（3）在 XC-YC 平面上创建草图 3，草图方位如图 6-110 所示，详细尺寸如图 6-111 所示。

图 6-110　草图方位

图 6-111　创建草图

（4）利用草图 1 内的曲线拉伸一个实体，如图 6-112 所示。

图 6-112　拉伸实体

（5）对步骤（4）拉伸出的实体的侧面进行拔模，如图 6-113、图 6-114 所示。

（6）利用草图 2 内的曲线拉伸一个实体，并将此实体与步骤（5）所创建的实体求交，如图 6-113 所示。

图 6-113　拔模

图 6-114　拔模

(7)在 YC-ZC 平面上创建草图,如图 6-116 所示。

(8)利用【沿引导线扫掠】命令以步骤(7)创建的草图为【截面】,步骤(2)创建的草图中的顶部线为【引导线】创建一个扫掠曲面,如图 6-117 所示。

(9)将零件本体的顶面与步骤(8)创建的曲面贴平,如图 6-118 所示。

图 6-115　拉伸实体

图 6-116　创建草图

图 6-117　扫掠曲面

图 6-118　替换面

(10)利用步骤(3)所创建的草图拉伸一个片体,如图 6-119 所示。

图 6-119　拉伸实体

(11)利用步骤(10)创建的曲面将零件本体拆分为两块实体,如图 6-120 所示。

(12)将拆分得到的体的顶面外里偏置 3.5mm,如图 6-121 所示,然后将拆分开的体再进行【求和】,得到零件上的内凹结构,如图 6-122 所示。

图 6-120　拆分体

图 6-121　偏置面

图 6-122　求和

(13)对顶部的凹槽结构进行拔模,拔模的固定边为顶面的边线,如图 6-123 所示。

(14)对各个需要倒圆角的棱边进行倒圆角,如图 6-124、图 6-125、图 6-126、图 6-127、图 6-128、图 6-129、图 6-130 所示。

图 6-123　拔模

图 6-124　凹槽侧边倒圆角

图 6-125　凹槽底部倒圆角

图 6-126　凹槽顶部倒圆角

图 6-127　侧边倒圆角

图 6-128　中部侧边倒圆角

（15）对倒圆角后的实体进行抽壳，如图 6-131 所示，抽壳时需选中底部的所有面。

（16）以抽壳后的实体的地步边为截面拉伸一个实体，如图 6-132 所示。

（17）为了能顺利进行【求差】，将步骤（16）拉伸出的实体两端面向外适当的偏置一些距离，如图 6-133 所示。

（18）利用步骤（17）创建的实体对零件本体进行【求差】，如图 6-134 所示。

（19）手机底板外壳的最终结果如图 6-135 所示。

图 6-129　零件顶部倒圆角

图 6-130　底部台阶处倒圆角

图 6-131　抽壳

图 6-132   拉伸

图 6-133   偏置面

图 6-134 求差

图 6-135 手机底板外壳的最终结果

6.5 思考与练习

1. 什么是等参数线？

2. 什么是对齐方式？常用的对齐方式有哪些？

3. 偏置的定义是什么？偏置与平移的区别是什么？

4. 扫掠的原理是什么？为什么在不同的定位方式下，扫掠生成的结果不同？

5. 什么是曲线或曲面的阶次？

6. 补片数越多越好吗？

7. 简述曲面建模的基本原则与技巧。

8. 打开 Surface EX_1. prt，以矩形为截面线、螺旋线为引导线创建如图 6-136 所示的实体。

9. 打开 Surface_heimes. prt，利用文档中的曲线创建如图 6-137 所示的安全帽。

10. 打开 Surface_EX_1. prt，利用文档中的曲线创建如图 6-138 所示的咖啡壶。

图 6-136   图 6-137   图 6-138

11. 根据图纸文件 Electrical_Case.pdf，完成如图 6-139 所示的机电外壳的建模。

图 6-139

第7章 装配实例

任何一台机器都是由多个零件组成的,将零件按装配工艺过程组装起来,并经过调整、试验使之成为合格产品的过程,称为装配。

在 UG NX 中,可模拟实际产品的装配过程,将所建立的零部件进行虚拟装配。装配结果可用于创建二维装配图、进行零部件间的干涉检查、用于运动分析等。

本章主要介绍 UG NX 的装配功能。学完本章,读者能够轻松掌握从底向上建立装配、自顶向下建立装配、引用集、爆炸视图、装配顺序等重要知识。

本章学习目标

- 了解 UG NX 装配模块的特点、用户界面及一般的装配过程;
- 掌握常用的装配术语;
- 掌握装配导航器的使用方法;
- 掌握装配约束,并能在组件间创建合适的装配约束;
- 掌握部件间建模方法;
- 掌握常用的组件操作方法;
- 掌握爆炸视图的创建方法。
- 掌握装配建模的方法;
- 熟练掌握添加组件、装配约束、WAVE 几何链接器等装配工具。

7.1 装配功能概述

所谓装配就是通过关联条件在部件间建立约束关系,从而确定部件在产品中的空间位置。

UG NX 具有很强的装配能力,其装配模块不仅能快速地将零部件组合成产品,而且在装配的过程中能参照其他部件进行关联设计。此外,生成装配模型后,可以根据装配模型进行间隙分析、干涉分析,还可以建立爆炸视图,以显示装配关系。

UG NX 是采用虚拟装配的方式进行装配建模,而不是将部件的实际几何体复制到装配中。虚拟装配用来管理几何体,它是通过指针链接部件的。采用虚拟装配有以下显著特点:

- 装配文件较小,对装配的内存需求少。
- 因为不用编辑基本几何,装配的显示可以简化。
- 由于共用一个几何体的数据,所以对原部件进行任何编辑修改,装配部件中的组件也会自动更新。

7.1.1 装配模块调用

在【标准】工具条的【开始】下拉菜单中选择【装配】即可调用装配模块。调用装配模块后,将弹出【装配】工具条,如图7-1所示。

图 7-1

与装配相关的功能命令大多集中在【装配】主菜单下。其他与装配有关的功能还有:

●【格式】主菜单下的【引用集】,用于管理引用集,如创建引用集、删除引用集、编辑引用集(向引用集中添加或删除对象)。

●【工具】主菜单下的【装配导航器】。

7.1.2 装配术语

为便于读者学习后续内容,下面集中介绍有关的装配术语。

1. 装配

装配是一个包含组件对象的部件。

> 由于采用的是虚拟装配,装配文件并没有包括各个部件的实际几何体数据,因此,各个零部件文件应与装配文件在同一个目录下,否则再打开装配文件时将很容易出错。

2. 子装配

子装配是一个相对概念,当一个装配被更高层次的装配所使用时就成了子装配。

子装配实质上是一个装配,只是被更高一层的装配作为一个组件使用。例如一辆自行车是由把手、车架、两个轮胎等所构成的,而轮胎又是由钢圈、内胎、外胎等构成。轮胎是一个装配,但当被更高一层的装配——自行车所使用,在整个装配中只作为一个组件,成为子装配。

3. 组件对象

组件对象是指向独立部件或子装配的指针。一个组件对象记录的信息有:部件名称、层、颜色、线型、线宽、引用集和装配约束等。

装配、子装配、组件对象和组件部件的关系如图7-2所示

4. 组件部件

组件部件是被一装配内的组件对象引用的部件。

保存在组件部件内的几何体在部件中是可见的,在装配中它们是被虚拟引用而不是复制。

例如,汽车后轴 axle_subassm.prt 是由一根车轴和二个车轮所构成,该装配中含有3个组件对象:左车轮、右车轮以及车轴,但这里只有两个组件部件:一个是车轮(假设两个车

图 7-2

轮是相同的,即基于同一个车轮模型 wheel.prt),另一个是车轴 axle.prt,如图 7-3 所示。

图 7-3

由于指向车轮的组件对象只包含车轮的部件名称、层、颜色、引用集等信息,但并不包含车轮的全部信息(例如车轮造型的过程),所以组件对象远小于相应部件文件的大小。

5. 零件

零件是指装配外存在的零件几何模型。

零件与组件对象的区别:组件对象是指针实体,所包含的几何体的信息小于零件的几何信息。

---

6. 从底向上装配

从底向上装配是先创建部件几何模型,再组合成子装配,最后生成装配部件的装配方法。

7. 自顶向下装配

自顶向下装配是先生成总体装配,然后下移一层,生成子装配和组件,最后生成单个零部件。

8. 混合装配

混合装配是自顶向下装配和从底向上装配的结合。设计时,往往是先创建几个主要部件模型,然后将它们装配在一起,再在装配体中设计其他部件。

混合装配一般均涉及部件间建模技术。

7.1.3　装配中部件的不同状态

装配中部件有两种不同的状态方式：显示部件和工作部件。

1. 显示部件

当前显示在图形窗口中的部件称为显示部件。改变显示部件的常用方法有：

● 在装配导航器或视图中选择组件，单击右键，然后在快捷菜单中选择【设为显示部件】命令。

● 单击【装配】工具条中的【设为显示部件】图标，然后再选择组件。

2. 工作部件

工作部件是指当前正在创建或编辑修改的部件。

工作部件可以是显示部件，或是包含在显示部件中的任何一个组件部件。如图 7-4 所示，显示部件是整个装配，而工作部件只是其中的钳座。

图 7-4

改变工作部件的常用方法有：

● 在装配导航树或视图窗口中双击组件，即可将此组件转换为工作部件。

● 在装配导航树或视图中选中组件并单击右键，然后在快捷菜单中选择【设为工作部件】命令。

● 单击【装配】工具条中的【关联控制下拉菜单】|【设为工作部件】命令，然后再选择组件。

7.1.4　装配的一般思路

装配的一般思路如下：

1）制作各个零部件。

2）新建一个部件文件，并调用装配模块。

3）将零部件以组件的形式加入。

4）指定组件间的装配约束。

5）对于需要参照其他零部件进行设计的零件，采用部件间建模技术进行零部件设计。

6）保存装配文件。

7.2 装配常用命令介绍

7.2.1 概述

装配导航器用树形结构表示部件的装配结构,每一个组件以一个节点显示,简称 ANT 如图 7-5 所示。它可以清楚地表达装配关系,还可以完成部件的常用操作,如将部件改变为工作部件或显示部件、隐藏与显示组件、替换引用集等。

图 7-5

7.2.2 装配导航器的设置

1. 打开装配导航器

UG NX 中,单击视图左侧资源工具条上的装配导航器图标,即可打开装配导航器。

2. 装配导航器中的图标

在装配导航器中,为了识别各个节点,子装配和部件用不同的图标表示。

● 由三块矩形体堆砌而成,表示一个装配或子装配。

1) :图标显示为黄色:该装配或子装配为工作部件。

2) :图标显示为灰色,且边框为实线:该装配或子装配为非工作部件。

3) :图标全部是灰色,且边框为虚线:该装配或子装配被关闭。

● 由单个矩形体堆砌而成,表示一个组件。

1) :图标显示为黄色:该组件为工作部件。

2) :图标显示为灰色,且边框为实线:该组件为非工作部件。

3) :图标全部是灰色,且边框为虚线:该组件被关闭。

● ⊞或⊟:表示装配树节点的展开和压缩。

1)单击⊞:展开装配或子装配树,以列出装配或子装配的所有组件,同时加号变减号。

2)单击⊟:压缩装配或子装配树,即把装配或子装配树压缩成一个节点,同时减号变加号。

● ☑、☑或□:表示装配或组件的显示状态。

1) ☑:当前部件或装配处于显示状态。

2) ☑:当前部件或装配处于隐藏状态。

3) □:当前部件或装配处于关闭状态。

3. 装配导航器中弹出的菜单

在装配导航器中,选中一个组件上并单击 MB3,将弹出如图 7-6 所示的快捷菜单(在视图窗口选中一个组件,并单击 MB3 也会弹出类似的快捷菜单)。

图 7-6

部件导航器中的快捷菜单中的选项会随组件状态及是否激活【装配】和【建模】应用模块而改变。

● 打包/解包:【打包】操作是将多个相同组件的节点组合成为一个节点,【解包】则能展开组合,使每个组件单独对应一个节点。

● 设为工作部件:将所选组件设置为工作部件。

● 设为显示部件:将所选组件设置为显示部件。

● 显示父项:使所选组件的父节点成为显示部件。父节点成为显示部件时,工作部件保持不变。

● 替换引用集:替换所选组件的引用集。例如,可以将所选组件替换成自定义引用集或系统默认引用集 Empty(空的)、Entire Part(完整的部件)。

● 替换组件:用另一个组件来替换所选组件。

● 装配约束:编辑选定组件的装配约束。

● 移动:移动选定组件。

● 抑制/解除抑制:抑制组件和隐藏组件的作用相似,但抑制组件从内存中消除了组件数据;"解除抑制"就是取消组件的抑制状态。

● 隐藏/显示:隐藏或显示组件或装配。

● 属性:列出所选组件的相关信息。这些信息包括组件名称、所属装配名称、颜色、引用集、约束名称及属性等。

4. 设置装配导航器显示项目

在装配导航器空白处单击 MB3,在弹出的右键菜单中选择【属性】,在对话框中选择【列】标签,可以增加、删除调整装配导航器项目。

7.2.3 从底向上装配

1. 概念与步骤

从底向上装配就是在设计过程中,先设计单个零部件,在此基础上进行装配生成总体设计。所创建的装配体将按照组件、子装配体和总装配的顺序进行排列,并利用约束条件进行逐级装配,从而形成装配模型,如图 7-7 所示。

图 7-7

从底向上装配的操作步骤通常如下:

(1)新建一个装配文件。通常装配文件名应具有一定的意义,且应容易识别,如鼠标的装配文件取可名为 mouse_assm.prt。

(2)调用【建模】模块与【装配】模块。

(3)加入待装配的部件。

选择主菜单【装配】|【组件】|【添加组件】或单击【装配】工具条上的【添加组件】命令,将弹出如图 7-8 所示对话框。

有两种方式选择部件。

图 7-8

● 从磁盘中添加组件：指定磁盘目录，并选择已创建好的三维几何体。添加后，自动成为该装配中的组件，同时添加到"已加载的部件"列表中。

● 从已加载的组件中添加组件：从"已加载的部件"列表中选择组件。

（4）设置相关参数。

● 定位：指定添加组件后定位组件的方式。

1）绝对原点：添加的组件放在绝对点(0,0,0)。

2）选择原点：添加的组件放在选定点，按 MB2 后出现点构造器，用于指定组件的放置位置。

3）通过约束：添加的组件将通过约束与已有组件定位，出现【装配约束】对话框。

4）移动组件：添加的组件加进来后移动定位，出现【移动组件】对话框。

● 名称：默认为部件文件名称。若一个部件在多个位置被引用，通常应重新指定不同的组件名称来区别不同位置的同一个部件。

● 引用集：默认的引用集为【整个部件】，表示加载组件的所有信息。

● 图层选项：用于指定组件在装配文件中的层位置。有以下选项：

1）原先的：表示部件作为组件加载后，将放置在部件原来的层位置。例如创建部件时，部件放在第 10 层，则当部件作为组件加载后，组件将被放置在装配文件的第 10 层。

2）工作：表示部件作为组件加载后，将放置在装配文件的工作层。

3）按指定的：表示部件作为组件加载后，将放置在指定层（可在其下方的文本框中输入指定的层号）。

（5）保存装配文件。

2. 装配约束

装配约束是指组件的装配关系，以确定组件在装配中的相对位置。装配约束由一个或多个关联的约束组成，关联约束限制组件在装配中的自由度。

选择菜单【装配】|【组件】|【装配约束】命令，或单击【装配】工具条上的【装配约束】命令，即可调用【装配约束】对话框，如图 7-9 所示。

在【装配约束】对话框中包含了 10 种装配约束条件，如接触对齐约束、同心约束、距离约束、固定约束、平行约束、垂直约束、拟合约束、胶合约束、中心约束和角度约束等。

图 7-9

● 接触对齐约束

接触对齐约束其实是两个约束：接触约束和对齐约束。接触约束是指约束对象贴着约束对象，图 7-10 表示在圆柱 1 的上表面和圆柱 2 的下表面之间创建接触约束。对齐约束是指约束对象与约束对象是对齐的,且在同一个点、线或平面上,图 7-11 表示在圆柱 1 的轴与圆柱 2 的轴之间创建对齐约束。

图 7-10

图 7-11

图 7-10、图 7-11 所示约束两圆柱体的过程也可以用【同心约束】单步完成,请参见图 7-12。

创建接触对齐约束的操作步骤如下:

(1)调用【装配约束】工具。

(2)在图 7-9 所示的对话框中的【类型】下拉列表中选择【接触对齐】。

(3)根据实际需要对【设置】组中的选项进行设置。

(4)将【方位】设置为其中之一:首选接触、接触、对齐或自动判断中心/轴。

1)首选接触:当接触和对齐解都可能时显示接触约束。在大多数模型中,接触约束比对齐约束更常用。当接触约束过度约束装配时,将显示对齐约束。

2)接触:约束对象,使其曲面法向在反方向上。

3)对齐:约束对象,使其曲面法向在相同的方向上。

4)自动判断中心/轴:自动将约束对象的中心或轴进行对齐或接触约束。

(5)选择要约束的两个对象。

(6)如果有多种解的可能,可以单击【反向上一个约束】按钮 ⊠ 在可能的解之间切换。

(7)完成添加约束后,单击【确定】或【应用】按钮即可。

● 同心约束

同心约束是指约束两个组件的圆形边界或椭圆边界，以使中心重合，并使边界的面共面，如图 7-12 所示。

图 7-12

● 距离约束

距离约束主要是调整组件在装配中的定位。通过距离约束可以指定两个对象之间的最小 3D 距离。图 7-13 表示指定面 1 与面 2 之间的最小 3D 距离为 150

图 7-13

● 固定约束

固定约束将组件固定在其当前位置。要确保组件停留在适当位置且根据其约束其他组件时，此约束很有用。

● 平行约束

平行约束是指定义两个对象的方向矢量为互相平行。图 7-14 表示指定长方体 1 的上表面和长方体 2 的上表面之间为平行约束

图 7-14

创建平行约束的操作步骤如下:

(1)调用【装配约束】工具。

(2)在图7-9所示的对话框中的【类型】下拉列表中选择【平行】。

(3)根据实际需要对【设置】组中的选项进行设置。

(4)选择要使其平行的两个对象

(5)如果有多种解的可能,可以单击【反向上一个约束】按钮 ⊠ 在可能的解之间切换。

(6)完成添加约束后,单击【确定】或【应用】按钮即可。

● 垂直约束

垂直约束是指定义两个对象的方向矢量为互相垂直。

● 拟合约束

使具有等半径的两个圆柱面合起来。此约束对确定孔中销或螺栓的位置很有用。如果以后半径变为不等,则该约束无效。

● 胶合约束

将组件"焊接"在一起,使它们作为刚体移动。胶合约束是一种不做任何平移、旋转、对齐的装配约束。

● 中心约束

中心约束能够使一对对象之间的一个或两个对象居中,或使一对对象沿着另一个对象居中。中心约束共有3个子类型。

(1)1对2:在后两个所选对象之间使第一个所选对象居中。

(2)2对1:使两个所选对象沿第三个所选对象居中。如图7-15所示,依次选择面1、面2(面2是与面1相对称的面)和基准平面,应用2对1中心约束后,基准平面自动位于面1和面2中间。

图 7-15

(3)2对2:使两个所选对象在两个其他所选对象之间居中。如图7-16所示,依次选择面1、面2(面2是与面1相对称的面)、面3、面4(面4是与面3相对称的面),应用2对2中心约束后,面3和面4自动位于面1和面2中间。

创建中心约束的操作步骤如下:

图 7-16

(1)调用【装配约束】工具。

(2)在图 7-9 所示的对话框中的【类型】下拉列表中选择【中心】。

(3)根据实际需要对【设置】组中的选项进行设置。

(4)设置【子类型】:1 对 2、2 对 1 或 2 对 2

(5)若【子类型】为 1 对 2 或 2 对 1,则设置【轴向几何体】:

1)【使用几何体】:对约束使用所选圆柱面。

2)【自动判断中心/轴】:使用对象的中心或轴。

(6)选择要约束的对象,对象的数量由【子类型】决定。

(7)如果有多种解的可能,可以单击【反向上一个约束】按钮 ⊠ 在可能的解之间切换。

(8)完成添加约束后,单击【确定】或【应用】按钮即可。

● 角度约束

角度约束是指两个对象呈一定角度的约束。角度约束可以在两个具有方向矢量的对象间产生,角度是两个方向矢量的夹角。这种约束允许关联不同类型的对象,例如可以在面和边缘之间指定一个角度约束。角度约束有两种类型:3D 角和方向角。图 7-17 表示在两圆柱的轴之间创建 90°的角度约束。

图 7-17

3. 移动组件

选择菜单【装配】|【组件】|【移动组件】命令,或单击【装配】工具条上的【移动组件】命令,即可调用【移动组件】对话框,如图 7-18 所示。

图 7-18

移动组件命令用来在一装配中在所选组件的自由度内移动它们。可以选择组件动态移动(如用拖拽手柄),也可以建立约束以移动组件到所需位置,还可以同时移动不同装配级上的组件。

【例 7-1】 完成夹具的装配

● 新建装配文件

(1)创建一个单位为英寸,名为 Clamp_assem 的文件,并保存在 D:\Clamp 下。

(2)调用建模和装配模块,并打开装配导航器。

(3)将光盘中该例所用到的部件文件都复制到装配文件所在的目录 D:\Clamp 下。

装配文件的单位与零部件的单位应保持一致,否则有些操作,如【设为工作部件】不能进行。

装配文件所使用的零部件最好与装配文件位于同一个目录下。

● 添加组件 clamp_base 并定位

(1)添加组件 clamp_base

1)单击【装配】工具条上的【添加组件】命令,弹出【添加组件】对话框,如图 7-8 所示。

2)从磁盘加载组件:单击【打开】按钮,弹出部件文件选择对话框,选取 clamp_base.prt 文件。

3)参数设置:将【定位】设为【绝对原点】、【引用集】为【模型】、【图层选项】为【原始的】,其余选项保持默认值。

4)单击【确定】按钮,完成组件 clamp_base 的添加。

(2)为组件 clamp_base 添加装配约束

1)单击【装配】工具条上的【装配约束】命令,即可调用【装配约束】对话框,如图 7-9 所示。

2)在【类型】下拉列表中选择【固定】。

3)选择刚添加的组件 clamp_base。

4)单击【确定】按钮,完成对组件 clamp_base 的约束。

● 添加组件 clamp_cap 并定位

(1)添加组件 clamp_cap

1)调用【添加组件】工具。

2)从磁盘加载文件 clamp_cap.prt。

3)参数设置:将【定位】设为【选择原点】、【引用集】为【模型】、【图层选项】为【原始的】,其余选项保持默认值。

4)单击【确定】按钮,系统弹出【点】对话框,用于指定组件放置的位置。

5)视图区域合适的位置单击 MB1,在光标单击处就会出现 clamp_cap 组件。

(2)重定位组件

若组件位置放置不合理,可以对组件进行重定位。

(3)定位组件 clamp_cap

此过程中需要使用三种装配约束:对齐约束、中心约束(2 对 2)、平行约束。

1)对齐约束使组件 clamp_cap 与组件 clamp_base 圆孔中心轴线对齐

① 单击【装配】工具条上的【装配约束】命令,弹出【装配约束】对话框,在【类型】下拉列表中选择【接触对齐】,并设置【方位】为【自动判断中心/轴】。

② 依次选择如图 7-19 所示的中心线 1 和中心线 2,完成对齐约束的添加,结果如图 7-20 所示。

图 7-19

2)中心约束使组件 clamp_cap 与组件 clamp_base 对称分布

① 在【装配约束】对话框中的【类型】下拉列表中选择【中心】,并设置【子类型】为【2 对 2】。

② 依次选择图 7-20、图 7-21 中的面 1、面 2、面 3 和面 4,完成中心约束的添加,结果如图 7-22 所示。其中图 7-21 是图 7-20 旋转后得到的视图。

3)平行约束使组件 clamp_cap 的上表面与组件 clamp_base 的上表面相互平行

① 在【装配约束】对话框中的【类型】下拉列表中选择【平行】。

② 依次选择图 7-22 所示的面 1 和面 2。

③ 单击【确定】按钮,完成组件 clamp_cap 的定位。

● 添加组件 clamp_lug 并定位

图 7-20

图 7-21

图 7-22

(1)添加组件 clamp_lug

参照组件 clamp_cap 的添加方法添加组件 clamp_lug。

(2)重定位组件

若组件位置放置不合理,可以对组件进行重定位。

(3)定位组件 clamp_lug

此过程中需要使用三种装配约束:对齐约束、中心约束(2 对 2)、垂直约束。

1)对齐约束使组件 clamp_lug 与组件 clamp_base 圆孔中心轴线对齐

① 单击【装配】工具条上的【装配约束】命令,弹出【装配约束】对话框,在【类型】下拉列表中选择【接触对齐】,并设置【方位】为【自动判断中心/轴】。

② 依次选择如图 7-23 所示的中心线 1 和中心线 2,完成对齐约束的添加,结果如

图 7-24所示。

图 7-23

2)中心约束使组件 clamp_lug 与组件 clamp_base 对称分布

① 在【装配约束】对话框中的【类型】下拉列表中选择【中心】,并设置【子类型】为【2 对 2】。

② 依次选择图 7-24、图 7-25 中的面 1、面 2、面 3 和面 4,完成中心约束的添加。其中图 7-25 是图 7-24 旋转后得到的视图。

图 7-24   图 7-25

3)垂直约束使组件 clamp_lug 的中心轴线与组件 clamp_base 的上表面相互垂直

① 在【装配约束】对话框中的【类型】下拉列表中选择【垂直】。

② 依次选择图 7-26 所示的中心线和面。

③ 单击【确定】按钮,完成组件 clamp_lug 的定位,结果图如图 7-27 所示。

图 7-26   图 7-27

● 添加组件 clamp_nut 并定位

(1)添加组件 clamp_nut

参照组件 clamp_cap 的添加方法添加组件 clamp_nut。

(2)重定位组件

若组件位置放置不合理,可以对组件进行重定位。

(3)定位组件 clamp_nut

此过程中需要使用两种装配约束:对齐约
束、接触约束。

1)接触约束使组件 clamp_nut 的下底面与
组件 clamp_cap 的上表面贴合

① 单击【装配】工具条上的【装配约束】命
令,弹出【装配约束】对话框,在【类型】下拉列表
中选择【接触对齐】,并设置【方位】为【接触】。

② 依次选择如图 7-28 所示的面 1 和面 2,
完成接触约束的添加,结果如图 7-29 所示。

图 7-28

2)对齐约束使 clamp_nut 的圆孔中心线与
组件 clamp_lug 的轴线对齐

① 在【装配约束】对话框中的【类型】下拉列表中选择【接触对齐】,并设置【方位】为【自
动判断中心/轴】。

② 依次选择如图 7-29 所示的中心线 1 和中心线 2。

③ 单击【确定】按钮,完成组件 clamp_nut 的定位,结果如图 7-30 所示。

图 7-29   图 7-30

● 添加组件 clamp_pin 并定位

(1)添加组件 clamp_pin

参照组件 clamp_cap 的添加方法添加组件 clamp_pin。

(2)重定位组件

若组件位置放置不合理,可以对组件进行重定位。

（3）定位组件 clamp_pin

此过程中需要使用两种装配约束：对齐约束、中心约束。

1）对齐约束使组件 clamp_pin 的轴线与组件 clamp_base 的孔中心线对齐

① 在【装配约束】对话框中的【类型】下拉列表中选择【接触对齐】，并设置【方位】为【自动判断中心/轴】。

② 依次选择如图 7-31 所示的中心线 1 和中心线 2。

③ 单击【确定】按钮，完成组件 clamp_nut 的定位，结果如图 7-32 所示。

图 7-31　　　　　　　　　　　　　　　　　　图 7-32

2）中心约束使组件 clamp_pin 与组件 clamp_base 对称分布

① 在【装配约束】对话框中的【类型】下拉列表中选择【中心】，并设置【子类型】为【2 对 2】。

② 依次选择图 7-32、图 7-33 中的面 1、面 2、面 3 和面 4，完成中心约束的添加。其中图 7-33 是图 7-32 旋转后得到的视图。

③ 单击【确定】按钮，完成组件 clamp_pin 的定位。

3）以同样的方式完成组件 clamp_pin 与组件 clamp_base 在另一个孔处的定位。

● 最终装配结果

如图 7-34 所示。

图 7-33　　　　　　　　　　　　　　　　　　图 7-34

7.2.4 引用集

1. 引用集概念

组件对象是指向零部件的指针实体,其内容由引用集来确定,引用集可以包含零部件的名称、原点、方向、几何对象、基准、坐标系等信息。使用引用集的目的是可以控制组件对象的数据量。

管理出色的引用集策略具有以下优点:

- 加载时间更短。
- 使用的内存更少。
- 图形显示更整齐。
- 使用引用集有两个主要原因:
- 排除或过滤组件部件中不需要显示的对象,使其不出现在装配中。
- 用一个更改或较简单的几何体而不是全部实体表示在装配中的一个组件部件。

2. 默认引用集

每个部件有五个系统定义的引用集,分别是:整个部件、空、模型、轻量化和简化,如图 7-35 所示。下面介绍前面三种比较常用的默认引用集类型。

(a) 整个部件引用集　　　　(b) 空引用集

(c) 模型引用集　　(d) 轻量化引用集　　(e) 简化引用集

图 7-35

(1)整个部件

该默认引用集表示引用部件的全部几何数据。在添加部件到装配时,如果不选择其他引用集,则默认使用该引用集。

(2)空

该默认引用集表示不包含任何几何对象。当部件以空的引用集形式添加到装配中时,在装配中看不到该部件。

（3）模型

模型引用集包含实际模型几何体,这些几何体包括:实体、片体以及不相关的小平面表示。一般情况下,它不包含构造几何体,如草图、基准和工具实体。

3. 引用集工具

选择菜单【格式】|【引用集】命令,弹出【引用集】对话框,如图 7-36 所示。

（1）创建引用集

创建"用户定义的引用集"的步骤如下:

- 选择菜单【格式】|【引用集】命令,弹出【引用集】对话框。
- 单击【添加新的引用集】命令,在图形窗口中选择要放入引用集中的对象。
- 在【引用集名称】文本框中输入引用集的名称。
- 完成对引用集的定义之后,单击【关闭】。

（2）编辑引用集

编辑引用集指向引用集添加或删除引用集中的对象,但只能编辑用户自定义的引用集。

（3）删除引用集

在【引用集】对话框中选择欲删除的引用集,然后单击【移除】图标 ✕ ,即可删除该引用集。但只能删除用户自定义的引用集,不能删除系统默认的引用集。

（4）重命名引用集

在【引用集】对话框选择中欲重命名的引用集,然后在【引用集名称】文本框输入新的引用集名称,按 Enter 键即可。与删除引用集相似,也只能重命名用户自定义的引用集,不能重命名系统默认的引用集。

图 7-36

图 7-37

（5）替换引用集

在装配过程中,同一个组件在不同的装配阶段,也常采用不同的引用集,这种改变组件引用集的行为就称为替换引用集。

替换引用集的常用方法是:如图 7-37 所示,在装配导航器的相应组件上单击右键,在弹出的快捷菜单中选择【替换引用集】,选择一个可替换的引用集(当前的引用集是以灰色显示,是不可选的)即可。

【例7-2】 新建引用集,并将该组件对象用新的引用集替代

(1)打开 Assembly_zhou.prt,并调用【建模】和【装配】模块。

(2)双击装配导航器中的 zhou 节点,将 zhou 切换到工作部件。

(3)选择菜单【格式】|【引用集】,打开【引用集】对话框。

(4)在【引用集】对话框中,单击【添加新的引用集】命令,然后在【引用集名称】对话框中输入新建的引用集名称 BODY 并按 Enter 键。

(5)选择 zhou 的组件实体(注意不要选择基准面和曲线),单击【关闭】按钮,即可创建 BODY 引用集。

(6)替换引用集:选择装配导航器上的 zhou 节点,并单击右键,在弹出的快捷菜单中选择【替换引用集】|【BODY】。替换后,组件 fixed_jaw 将只显示实体,不会再出现基准面和曲线。

7.2.5 组件的删除、隐藏与抑制

删除一个组件的最简便方法是:在装配导航器中选择欲要删除的组件节点,然后单击右键,在弹出的快捷菜单中选择【删除】。

隐藏一个组件的简便方法是:在装配导航器中单击欲隐藏的组件节点前的复选框,使复选框内的红色√变灰即可。

 提示:

再次单击复选框即可显示该组件。

抑制一个组件的方法是:选择菜单【装配】|【组件】|【抑制组件】命令,会弹出【类选择】对话框,在图形窗口选择欲要抑制的组件,按 MB2 即可。

解除一个组件的抑制状态:选择菜单【装配】|【组件】|【取消抑制组件】命令,系统弹出如图 7-38 所示的【选择抑制的组件】对话框,在列表中选择欲要解除抑制的组件名称,单击【确定】按钮即可。

图 7-38

7.2.6 自顶向下装配

自顶向下建立一组件有两种基本方法,分别介绍如下。

(1)移动几何体

在装配中创建几何体(草图、片体、实体等)。

建立一组件并添加到几何体到其中。

(2)空部件

在装配中建立一个"空"组件对象。

使"空"组件为工作部件。

在此组件中创建几何体

【例7-3】 在装配文件中先建立几何模型,然后创建新组件

(1)新建一个单位为毫米,名为 Up_Down_Assem_1.prt 的装配文件,调用【建模】和【装配】模块后保存文件。

（2）使用【长方体】工具创建一个 100×80×40 的长方体。

（3）单击【装配】工具条上的【组件下拉菜单】|【新建组件】命令，弹出【新建组件】对话框，输入部件名称（如 Up_Down_1）并指定部件保存目录。

 提示：

目录要与装配文件的目录一致

（4）单击【确定】按钮后，弹出如图 7-39 所示的【新建组件】对话框，选择刚才创建的长方体，确认选中【删除原先的】复选框。

 提示：

若选中【删除原先的】复选框，则几何对象作为组件添加到装配文件后，原几何对象将从装配中删除

（5）单击【确定】按钮后，系统以刚输入的部件名 Up_Down_1.prt 保存矩形体，同时在装配文件中删除长方体，取而代之的是一个组件。

图 7-39

提示：

检验这个新建的组件及所保存的零部件：在装配导航器中选中 Up_Down_1_1 节点，长方体高亮显示。查看保存目录，可以发现该目录下有一个 Up_Down_1_1.prt 文件，打开 Up_Down_1_1.prt，可以看到正是刚才创建的长方体。

【例 7-4】 在装配文件中先创建空白组件，然后使其成为工作部件，再在其中添加几何模型

（1）新建一个单位为毫米，名为 Up_Down_Assem_2.prt 的装配文件，调用【建模】和【装配】模块后，保存文件。

（2）单击【装配】工具条上的【组件下拉菜单】|【新建组件】命令，弹出【新建组件】对话框，输入部件名称（如 Up_Down_2）并指定部件保存目录。

（3）单击【确定】按钮后，弹出如图 7-39 所示的【新建组件】对话框，不选择任何对象，直接单击【确定】按钮，即可在装配中添加了一个不含几何体对象的新组件。

（4）双击装配导航器上的新组件节点 Up_Down_2，使新组件成为一个工作部件，然后使用【长方体】工具创建一个 100×80×40 的长方体。

（5）按 Ctrl+S 保存文件。由于新组件是工作节点，所保存的只是刚才所建立的几何体。

（6）双击装配导航器上的节点 Up_Down_Assem_2，使装配部件成为工作部件；再按 Ctrl+S，保存整个装配文件。

7.2.7 部件间建模

部件间建模是指通过"链接关系"建立部件间的相互关联，从而实现部件间的参数化设计。利用部件间建模技术可以提高设计效率，并且保证了部件间的关联性。

利用 WAVE 几何链接器可以在工作部件中建立相关或不相关的几何体。如果建立相关的几何体，它必须被链接到同一装配中的其他部件。链接的几何体相关到它的父几何体，改变父几何体会引起所有部件中链接的几何体自动地更新。如图 7-40 所示，轴承尺寸被更

改，但未编辑安装框架孔。通过 WAVE 复制，曲线从轴承复制到框架，无论轴承尺寸更改、旋转还是轴位置移动，都可自动更新孔。

不使用 WAVE   使用 WAVE

图 7-40

部件间建模的操作步骤如下：

（1）保持显示部件不变，将新组件设置为工作部件。

（2）在【装配】工具条上单击【WAVE 几何链接器】命令，弹出【WAVE 几何链接器】对话框，如图 7-41 所示，可以将其他组件的对象如点、线、草图、面、体等链接到当前的工作部件中。

● 类型：下拉列表中列出可链接的几何对象类型。

● 关联：选中该选项，产生的链接特征与原对象关联。

● 隐藏原先的：选中此选项，则在产生链接特征后，隐藏原来对象。

图 7-41

（3）利用链接过来的几何对象生成几何体。

【例 7-5】 部件间建模

本实例使用 baseplate. prt 文件。其内容是将 baseplate. prt 添加到一个装配文件中，然后用混合装配和部件间建模技术建立一个定位块（my_locator）。

1. 新建文件

新建一个单位为英寸，名称为 Wave_Assem. prt 的文件，并调用【建模】和【装配】模块。

2. 将 baseplate. prt 加入到装配中

（1）添加 baseplate 组件

● 单击【装配】工具条上的【组件下拉菜单】|【添加组件】命令，弹出【添加组件】对话框。

● 单击【打开】按钮，弹出部件文件选择对话框，选取 baseplate. prt 文件

● 将【定位】设为【绝对原点】、【引用集】为【模型】、【图层选项】为【原始的】，其余选项保持默认值。

● 单击【确定】按钮，完成组件 baseplate 的添加。

(2)固定 baseplate 组件

● 单击【装配】工具条上的【装配约束】命令,即可调用【装配约束】对话框,如图 7-9 所示。

● 在【类型】下拉列表中选择【固定】。

● 选择刚添加的组件 baseplate。

● 单击【确定】按钮,完成对组件 clamp_base 的约束。

3. 利用自顶向下装配方法建立定位块

(1)调用【长方体】命令,选择【原点和边长】方式,创建一个长方体(长度为 2,宽度为 2,高度为 1,矩形顶点在其左上角),如图 7-42 所示。

(2)将矩形块对象建立为新组件。

● 单击【装配】工具条上的【组件下拉菜单】|【新建组件】命令,弹出【新建组件】对话框,输入部件名称 my_locator 并指定部件保存目录。

● 单击【确定】按钮后,弹出如图 7-39 所示的【新建组件】对话框,选择刚才创建的长方体,确认选中【删除原先的】复选框。

● 单击【确定】按钮,即可生成新组件 my_locator,此时装配导航器如图 7-43 所示。

图 7-42

图 7-43

4. 用 WAVE 几何链接器链接 baseplate 组件中相关几何对象至组件 my_locator

(1)在装配导航器中双击 my_locator 组件节点,使 my_locator 成为工作节点。

(2)单击【装配】工具条上的【WAVE 几何链接器】命令,弹出【WAVE 几何链接器】对话框,在【类型】下拉列表中选择【复合曲线】,然后选取如图 7-44 所示的曲线(为方便选择,可以将选择条中的【曲线规则】设置为【相切曲线】)。

图 7-44

(3)从定位板上减去超出底板的部分材料。调用【拉伸】工具,以链接入的曲线作为截面线,在【限制】组中的【开始】文本框中输入 0,【结束】设置为【贯通】,拉伸方向为 Z 轴方向,如图 7-45(a)所示,设置【布尔】为【求差】,单击【确定】按钮,结果如图 7-45(b)所示。

(4)用同样的方法链接底板上的两条线,并在定位块上创建两个圆孔,如图 7-46 所示。

(5)保存文件。

7.2.8　爆炸视图

通过爆炸视图可以清晰地了解产品的内部结构以及部件的装配顺序,主要用于产品的功能介绍以及装配向导。

图 7-45

图 7-46

爆炸视图是装配结构的一种图示说明。在该视图中,各个组件或一组组件分散显示,就像各自从装配件的位置爆炸出来一样,用一条命令又能装配起来。利用装配视图可以清楚地显示装配或者子装配中各个组件的装配关系。

爆炸视图本质上也是一个视图,与其他视图一样,一旦定义和命名就可以被添加到其他图形中。爆炸视图与显示部件相关联,并存储在显示部件中。

爆炸图是一个已经命名的视图,一个模型中可以有多个爆炸图。默认的爆炸图名称为Explosion,后加数字后缀,也可以根据需要指定其他名称。

1. 爆炸视图的创建

单击【装配】工具条上的【爆炸图】命令,弹出【爆炸图】工具条,如图 7-47 所示。

图 7-47

单击【新建爆炸图】命令,弹出如图 7-48 所示的对话框,在该对话框中输入爆炸视图的名称或接受系统默认的名称后,单击【确定】按钮即可建立一个新的爆炸图。

图 7-48

🔧 提示:

单击【新建爆炸图】命令前,应确保爆炸视图切换下拉列表框中为
〔无爆炸〕▼,否则系统会提示所创建的爆炸视图已存在。

UG NX 中可用以下两种方式来生成爆炸图:编辑爆炸图方式与自动爆炸图方式。

● 编辑爆炸图方式

编辑爆炸图方式是指使用【编辑爆炸图】工具在爆炸图中对组件重定位,以达到理想的分散、爆炸效果。

【例 7-6】 以编辑爆炸图方式创建爆炸图

(1)打开 Assy_jiaolun. prt,并调用【建模】和【装配】模块

(2)单击【爆炸图】工具条上【新建爆炸图】命令,弹出如图 7-48 所示的对话框,输入爆炸图名称后,单击【确定】按钮。

(3)单击【爆炸图】工具条上的【编辑爆炸图】命令,弹出如图 7-49 所示的对话框。

(4)选择组件 lunzi,并按 MB2,系统自动切换到【移动对象】选项,同时坐标手柄被激活。

(5)在图形区拖动 ZC 轴方向上的坐标手柄,向右拖动至如图 7-50 所示的位置,或者在对话框中的【距离】文本框中输入−100,并按 MB2 确认。

(6)此时又自动切换到【选择对象】选项,按下 Shift 键选择高亮显示的轮子组件,然后选择组件 xiao 作为要爆炸的组件,并按 MB2。

(7)然后拖动 YC 轴方向上的坐标手柄,向左拖动至如图 7-51 所示的位置,或者在对话框中的【距离】文本框中输入 120。

(8)同理选择 zhou(轴)和 dianquan(垫圈)作为要爆炸的组件,其中轴组件往 ZC 轴正方向拖动距离 120,垫圈组件往 ZC 轴正方向拖动距离 40。

(9)最终编辑完成的爆炸图如图 7-52 所示。

图 7-49   图 7-50

图 7-51   图 7-52

● 自动爆炸视图方式

自动爆炸组件方式就是指使用【自动爆炸组件】命令,通过输入统一的爆炸距离值,系统会沿着每个组件的轴向、径向等矢量方向进行自动爆炸。

【例 7-7】 以自动爆炸图方式创建爆炸图

(1)在【例 14-6】的基础上,在【爆炸图】工具条上的下拉列表中选择【无爆炸】。

(2)单击【爆炸图】工具条上【新建爆炸图】命令,弹出如图 7-48 所示的对话框,输入爆炸图名称后,单击【确定】按钮。

(3)单击【爆炸图】工具条上的【自动爆炸组件】命令,弹出【类选择】对话框。

(4)选择视图中的所有组件,单击【确定】按钮后,弹出如图 7-53 所示的【爆炸距离】对话框。

(5)输入距离值为 150,并选择【添加间隙】复选框。

(6)单击【确定】按钮后,结果如图 7-54 所示。

图 7-53　　　　　　　　　　　　　　　　　　图 7-54

2. 爆炸视图操作

● 取消爆炸组件

【取消爆炸组件】是指将组件恢复到未爆炸之前的位置。

单击【爆炸图】工具条上的【取消爆炸组件】命令,将弹出【类选择】对话框,选择要复位的组件,单击【确定】按钮,即可使该组件回到其原来的位置。

● 删除爆炸视图

【删除爆炸视图】只能删除非工作状态的装配爆炸视图。

单击【爆炸视图】工具条上的【删除爆炸视图】命令,将弹出选择爆炸视图对话框,如图 7-55 所示;在列表框中选择要删除的爆炸视图,单击【确定】按钮即可删除该爆炸视图。

● 隐藏组件

【隐藏组件】是隐藏工作视图中的组件。

单击【爆炸图】工具条上的【隐藏视图中的组件】命令,弹出如图 7-56 所示的对话框,选择要隐藏的组件,单击【确定】按钮即可使该组件在当前图形窗口隐藏。

● 显示组件

【显示组件】是将工作视图隐藏的组件显示出来。

单击【爆炸图】视图工具条上的【显示视图中的组件】命令,弹出如图 7-57 所示的【显示视图中的组件】对话框,其中列出了所有已隐藏的组件的名称;在列表框中选择要显示的组件,单击【确定】按钮即可使该组件在当前图形窗口显示。

图 7-55 　　　　　　　　　　图 7-56 　　　　　　　　　　图 7-57

7.3　脚轮装配实例

本节介绍脚轮的装配方法,脚轮的装配模型如图 7-58 所示。

1. 新建装配文件

(1)创建一个单位为毫米,名为 assy_jiaolun 的文件,并保存在 D:\jiaolun 下。

(2)调用建模和装配模块,并打开装配导航器。

(3)将光盘中本例所使用到的部件文件都复制到装配文件所在的目录 D:\jiaolun 下。

2. 添加组件 chajia 并定位

(1)添加组件 chajia

图 7-58

● 单击【装配】工具条上的【组件下拉菜单】|【添加组件】命令,单击【添加组件】对话框上的【打开】按钮,弹出部件文件选择对话框,选取 chajia.prt 文件。

● 参数设置:将【定位】设为【绝对原点】、【引用集】为【模型】、【图层选项】为【原始的】,其余选项保持默认值。

● 单击【确定】按钮,完成组件 chajia 的添加。

(2)为组件 chajia 添加装配约束

● 单击【装配】工具条上的【装配约束】命令。

● 在【类型】下拉列表中选择【固定】。

● 选择刚添加的组件 chajia。

● 单击【确定】按钮,完成对组件 chajia 的约束。

3. 添加组件 lunzi 并定位

(1)添加组件 lunzi

● 调用【添加组件】工具,并选取 lunzi.prt 文件。

● 参数设置:设置【定位】为【通过约束】、【引用集】为【模型】、【图层选项】为【原始的】,其余选项保持默认值。

● 单击【确定】按钮,并弹出【装配约束】对话框。

(2)定位组件 lunzi

● 添加对齐约束：在【类型】下拉选项中选择【接触对齐】，选择【方位】为【自动判断中心/轴】，依次选择图 7-59 所示的中心线 1 和中心线 2，完成第一组装配约束。

● 添加中心约束：在【类型】下拉选项中选择【中心】，设置【子类型】为【2 对 2】，依次选择图 7-59 所示的面 3、面 4、面 5 和面 6（面 4 和面 3 相对、面 6 和面 5 相对），完成第二组装配约束。

● 单击【确定】按钮，完成轮子的定位，结果如图 7-60 所示。

图 7-59   图 7-60

4. 添加组件 xiao 并定位

(1)添加组件 xiao

调用【添加组件】工具，并选取 xiao.prt 文件，其参数设置同组件 lunzi，单击【确定】按钮，弹出【装配约束】对话框。

(2)定位组件 xiao

● 在【类型】下拉选项中选择【接触对齐】，选择【方位】为【自动判断中心/轴】，依次选择图 7-61 所示的中心线 7 和中心线 8，完成第一组装配约束。

● 在【类型】下拉选项中选择【中心】，设置【子类型】为【2 对 2】，依次选择图 7-61 所示的面 9、面 10、面 11 和面 12（面 10 和面 9 相对、面 12 和面 11 相对），完成第二组装配约束。

● 单击【确定】按钮，完成销的定位，结果如图 7-62 所示。

图 7-61   图 7-62

5. 添加组件 dianquan 并定位

（1）添加组件 dianquan

调用【添加组件】工具，并选取 dianquan.prt 文件，其参数设置同组件 lunzi，单击【确定】按钮，弹出【装配约束】对话框。

（2）定位组件 dianquan

● 在【类型】下拉选项中选择【接触对齐】，选择【方位】为【接触】，依次选择图 7-63 所示的面 13 和面 14，完成第一组装配约束。

● 类型保持不变，选择【方位】为【自动判断中心/轴】设置，依次选择图 7-63 所示的中心线 15 和中心线 16，完成第二组装配约束。

● 单击【确定】按钮，完成垫圈的定位，结果如图 7-64 所示。

图 7-63　　　　　　　　　　　　　　　　　　　　　图 7-64

6. 添加组件 zhou 并定位

（1）添加组件 zhou

调用【添加组件】工具，并选取 zhou.prt 文件，其参数设置同组件 lunzi，单击【确定】按钮，弹出【装配约束】对话框。

（2）定位组件 zhou

● 在【类型】下拉选项中选择【接触对齐】，选择【方位】为【接触】，依次选择图 7-65 所示的面 17 和面 18，完成第一组装配约束。

图 7-65

● 类型保持不变,选择【方位】为【自动判断中心/轴】设置,依次选择图 7-65 所示的中心线 19 和中心线 20,完成第二组装配约束。

● 单击【确定】,完成轴的定位,结果如图 7-58 所示。

7.4　减速器装配

本节主要介绍减速器装配方法。减速器零件模型如 7-66 所示。由于减速器零件比较多,所以先分别装配低速轴组件和高速轴组件,然后再进行整体装配。

图 7-66

7.4.1　低速轴子装配

低速轴包括 6 个零件,其中轴为基础零件,键、齿轮、定距环和两个轴承为相配合零件。在装配过程中,主要讲述在空的装配体中导入轴作为基础零件,在齿轮轴上按装配约束依序安装轴承、键、齿轮、定距环和轴承,其中,轴承要在不同部位中各安装一个。完成后的效果如图 7-76 所示。

1. 新建子装配文件

(1) 创建一个单位为毫米,名为 Assembly_dis－uzhou 的文件,并保存在 D:\jiansuqi 下。

(2)调用建模和装配模块,并打开装配导航器。

(3)将光盘中本例所使用到的部件文件都复制到装配文件所在的目录 D:\jiansuqi 下。

2. 添加组件 disuzhou 并定位

请参照 7.3 节中"添加组件 chajia 并定位",此处不再赘述。

3. 添加组件 jian 并定位

(1)添加组件 jian

调用【添加组件】工具,并选取 jian.prt 文件,其参数设置同例 7.3 中的组件 lunzi,单击【确定】按钮,弹出【装配约束】对话框。

(2)定位组件 jian

● 添加接触约束:在【装配约束】对话框中的在【类型】下拉选项中选择【接触对齐】,选择【方位】为【接触】,依次选择如图 7-67 所示的面 1、面 2,完成第一组装配约束。

● 添加接触约束:类型保持不变,依次选择如图7-67所示的面3、面4,完成第二组装配约束。

● 添加接触约束:类型保持不变,依次选择如图7-67所示的面5、面6,完成第三组装配约束。

● 单击【确定】按钮,完成键的定位,结果如图7-68所示。

图 7-67

图 7-68

4. 添加组件 zhoucheng 1 并定位

(1)添加组件 zhoucheng1

调用【添加组件】工具,并选取 zhoucheng1.prt 文件,其参数设置同例7.3中的组件 lunzi,单击【确定】按钮,弹出【装配约束】对话框。

(2)定位组件 zhoucheng1

● 添加接触约束:在【装配约束】对话框中的在【类型】下拉选项中选择【接触对齐】,选择【方位】为【接触】,依次选择如图7-69所示的面1、面2,完成第一组装配约束。

● 添加对齐约束:类型保持不变,选择【方位】为【对齐】,依次选择如图7-69所示的中心线1、中心线2,完成第二组装配约束。

● 单击【确定】按钮，完成轴承 1 的定位，结果如图 7-70 所示。

图 7-69

图 7-70

5. 添加组件 chilun 并定位

(1)添加组件 chilun

调用【添加组件】工具，并选取 chilun.prt 文件，其参数设置同例 7.3 中的组件 lunzi，单击【确定】按钮，弹出【装配约束】对话框。

(2)定位组件 chilun

● 添加接触约束：在【装配约束】对话框中的在【类型】下拉选项中选择【接触对齐】，选择【方位】为【接触】，依次选择如图 7-71 所示的面 1、面 2，完成第一组装配约束。

● 添加接触约束：类型保持不变，依次选择如图 7-71 所示的面 3、面 4，完成第二组装配约束。

● 添加对齐约束：类型保持不变，选择【方位】为【对齐】，依次选择如图 7-71 所示的中心线 1、中心线 2，完成第三组装配约束。

● 单击【确定】按钮，完成轴承 1 的定位，结果如图 7-72 所示。

6. 添加组件 dingjuhuan 并定位

(1)添加组件 dingjuhuan

调用【添加组件】工具，并选取 dingjuhuan.prt 文件，其参数设置同例 7.3 中的组件 lun-

图 7-71

图 7-72

zi,单击【确定】按钮,弹出【装配约束】对话框。

(2)定位组件 dingjuhuan

● 添加接触约束:在【装配约束】对话框中的在【类型】下拉选项中选择【接触对齐】,选择【方位】为【接触】,依次选择如图 7-73 所示的面 1、面 2,完成第一组装配约束。

● 添加接触约束:类型保持不变,选择【方位】为【对齐】,依次选择如图 7-73 所示的中心线 1、中心线 2,完成第二组装配约束。

● 单击【确定】按钮,完成定距环的定位,结果如图 7-74 所示。

7. 添加组件 zhoucheng 1 并定位

(1)添加组件 zhoucheng1

调用【添加组件】工具,并选取 zhoucheng1.prt 文件,其参数设置同例 7.3 中的组件 lunzi,单击【确定】按钮,弹出【装配约束】对话框。

(2)定位组件 zhoucheng1

● 添加接触约束:在【装配约束】对话框中的在【类型】下拉选项中选择【接触对齐】,选择【方位】为【接触】,依次选择如图 7-75 所示的面 1、面 2,完成第一组装配约束。

● 添加对齐约束:类型保持不变,选择【方位】为【对齐】,依次选择如图 7-75 所示的中心

图 7-73

图 7-74

线 1、中心线 2,完成第二组装配约束。

● 单击【确定】按钮,完成轴承 1 的定位,结果如图 7-76 所示。

7.4.2　高速轴子装配

高速轴组件包括 3 个零件,齿轮轴作为基础零件,两个完全相同的轴承作为相配合零件。在装配过程中,首先在空的装配体中导入齿轮轴作为基础零件,然后在齿轮轴上按装配约束安装两个完全相同的轴承。完成后的效果如图 7-77 所示。

1. 新建子装配文件

(1)创建一个单位为毫米,名为 Assem－bly_gaosuzhou 的文件,并保存在 D:\jiansuqi 下。

(2)调用建模和装配模块,并打开装配导航器。

图 7-75

图 7-76 图 7-77

2. 添加组件 gaosuzhou 并定位

请参照 7.3 节中"添加组件 chajia 并定位",此处不再赘述。

3. 添加组件 zhoucheng 2 并定位

(1)添加组件 zhoucheng2

调用【添加组件】工具,并选取 zhoucheng2. prt 文件,其参数设置同例 7.3 中的组件 lunzi,单击【确定】按钮,弹出【装配约束】对话框。

(2)定位组件 zhoucheng2

● 添加接触约束:在【装配约束】对话框中的在【类型】下拉选项中选择【接触对齐】,选择【方位】为【接触】,依次选择如图 7-78 所示的面 1、面 2,完成第一组装配约束。

● 添加对齐约束:类型保持不变,选择【方位】为【对齐】,依次选择如所示的中心线 1、中心线 2,完成第二组装配约束。

● 单击【确定】按钮,完成轴承2的定位。

图 7-78

4. 再次添加组件 choucheng 2 并定位

操作步骤与上一步相同,不过面1、面2、中心线1、中心线2不同,如图 7-79 所示。

图 7-79

7.4.3 减速器总装配

首先将机座零件导入空的装配体中,然后在机座上安装高速轴组件和低速轴组件。

1. 新建装配文件

(1)创建一个单位为毫米,名为 Assem-bly_jiansuqi 的文件,并保存在 D:\jiansuqi 下。

(2)调用建模和装配模块,并打开装配导航器。

2. 添加组件 jizuo 并定位

请参照 7.3 节中"添加组件 chajia 并定位",此处不再赘述。

3. 添加高速轴子装配并定位

(1)添加组件 Assembly_gaosuzhou

● 调用【添加组件】工具,并选取 Assem-bly_gaosuzhou. prt 文件。

● 参数设置:设置【定位】为【通过约束】、【Reference Set】为【整个部件】、【图层选项】为【原先的】,其余选项保持默认值。

● 单击【确定】按钮,并弹出【装配约束】对话框。

(2)定位组件 Assem-bly_gaosuzhou

● 添加接触约束:在【装配约束】对话框中的在【类型】下拉选项中选择【接触对齐】,选择【方位】为【对齐】,依次选择如图 7-80 所示的面 1、面 2,完成第一组装配约束。

● 添加对齐约束:类型保持不变,依次选择如图 7-80 所示的中心线 1、中心线 2,完成第二组装配约束。

● 单击【确定】按钮,完成高速轴子装配的定位。

图 7-80

4. 添加低速轴子装配并定位

(1)添加组件 Assembly_disuzhou

请参照高速轴子装配的添加方法,此处不再赘述。

(2)定位组件 Assembly_disuzhou

● 添加接触约束:在【装配约束】对话框中的在【类型】下拉选项中选择【接触对齐】,选择【方位】为【对齐】,依次选择如图 7-81 所示的面 1、面 2,完成第一组装配约束。

● 添加对齐约束:类型保持不变,依次选择如图 7-81 所示的中心线 1、中心线 2,完成第二组装配约束。

● 单击【确定】按钮,完成低速轴子装配的定位。

图 7-81

7.5 管钳装配

　　如图 7-82 所示的管钳由钳坐、圆管、滑块、螺杆、销、手柄杆、套圈组成,它是一种钳工夹具,用以夹紧管子进行攻螺丝、下料等加工。其工作原理为:转动手柄杆即带动螺杆旋转,两圆柱销由滑块上两孔插入,嵌入螺杆小端的环槽内,使螺杆与滑块连成一体。这样,螺杆的旋转即能使滑块在钳座体内上下滑动,以起到夹具的作用。

　　本例使用自底向下的方式完成装配,即依次装配钳座、圆管、滑块、螺杆、销、手柄杆、圈套。在实际工作中,装配圈套后,需敲扁手柄杆,以达到定位的要求,因此本例最后需要替换手柄杆。

7.5.1 新建子装配文件

　　(1)创建一个单位为毫米,名为 assembly_guanqian 的文件,并保存在 D:\guanqian 下。

图 7-82

　　(2)调用建模和装配模块,并打开装配导航器。

　　(3)将光盘中本例所使用到的部件文件都复制到装配文件所在的目录 D:\guanqian 下。

7.5.2 添加组件 qianzuo 并定位

　　请参照 7.3 节中"添加组件 chajia 并定位",此处不再赘述。

7.5.3 添加组件 yuanguan 并定位

　　(1)添加组件 yuanguan

　　调用【添加组件】工具,并选取 yuanguan.prt 文件,其参数设置同例 7.3 中的组件 lunzi,

单击【确定】按钮,弹出【装配约束】对话框。

(2)定位组件 yuanguan

如图 7-83 所示,在面 1 与面 2、面 1 与面 3 之间分别添加接触约束,结果如图 7-84 所示。对于圆管与钳座的装配,有两个接触约束,可以使圆管形成欠约束,圆管可以绕自身轴线旋转,也可以沿与钳座的接触面前后移动。

图 7-83　　　　　　　　　　　　　　　　　图 7-84

7.5.4　添加组件 huakuai 并定位

(1)添加组件 huakuai

调用【添加组件】工具,并选取 huakuai.prt 文件,其参数设置同例 7.3 中的组件 lunzi,单击【确定】按钮,弹出【装配约束】对话框。

(2)定位组件 huakuai

如图 7-85 所示,在面 1 与面 2 之间添加接触约束,在面 3 和面 4 之间添加对齐约束,结果如图 7-86 所示。对于滑块与钳座的装配,有两个约束:一个接触约束和一个对齐约束,可以使滑块形成欠约束,滑块可以沿着其与钳座的接触面上下移动。

图 7-85　　　　　　　　　　　　　　　　　图 7-86

7.5.5 添加组件 luogan 并定位

(1)添加组件 luogan

调用【添加组件】工具,并选取 luogan.prt 文件,其参数设置同例 7.3 中的组件 lunzi,单击【确定】按钮,弹出【装配约束】对话框。

(2)定位组件 luogan

如图 7-87 所示,在中心线 1 与中心线 2 之间添加接触约束。如图 7-88 所示,在面 1 与面 2、面 1 与面 3 之间分别添加接触约束。结果如图 7-89 所示。对于螺杆与钳座的装配,有三个接触约束,可以使螺杆形成欠约束,螺杆可以和滑块一起沿着滑块与钳座的接触面上下滑动。

图 7-87

图 7-88

图 7-89

7.5.6 添加组件 xiao 并定位

(1)添加组件 xiao

调用【添加组件】工具,并选取 xiao.prt 文件,其参数设置同例 7.3 中的组件 lunzi,单击【确定】按钮,弹出【装配约束】对话框。

(2)定位组件 xiao

如图 7-90 所示,在中心线 1 与中心线 2 之间添加接触约束。然后添加中心约束,选择子类型为"2 对 2",依次选择销钉的两个端面和滑块的前后两面。以同样的方式完成另一侧销钉的装配,结果如图 7-91 所示。对于销钉的装配,有两个装配约束,一个接触约束和一个中心约束,可以使销钉形成欠约束,销钉可以绕自身轴线旋转。

图 7-90

图 7-91

7.5.7 添加组件 shoubing 1 并定位

(1)添加组件 shoubing1

调用【添加组件】工具,并选取 shoubing1.prt 文件,其参数设置同例 7.3 中的组件 lunzi,单击【确定】按钮,弹出【装配约束】对话框。

(2)定位组件 shoubing1

如图 7-92 所示,在中心线 1 与中心线 2 之间添加接触约束,结果如图 7-93 所示。对于手柄 1 与钳座的装配,只有一个接触约束,可以使手柄 1 形成欠约束,手柄 1 可以绕自身中心线旋转,也可以沿自身轴线移动。

图 7-92

图 7-93

7.5.8　添加组件 taoquan 并定位

（1）添加组件 taoquan

调用【添加组件】工具，并选取 taoquan. prt 文件，其参数设置同例 7.3 中的组件 lunzi，单击【确定】按钮，弹出【装配约束】对话框。

（2）定位组件 taoquan

如图 7-94 所示，在面 1 与面 2、中心线 1 与中心线 2 之间添加接触约束，结果如图 7-95 所示。对于套圈与钳座的装配，有两个接触约束，可以使套圈形成欠约束，套圈可以绕自身中心线旋转。

图 7-94

图 7-95

7.5.9　替换手柄组件

选择【装配】|【组件下拉菜单】|【替换组件】命令，将"shoubing1"组件替换为"shoubing2"组件。替换组件后，原有的装配约束出现相互矛盾或应用不一致的情况，此时需要重新定义装配约束，如图 7-96 所示。

7.5.10　管钳的最终结果如图 7-97 所示

图 7-97

图 7-96

7.6 齿轮泵装配

7.6.1 新建子装配文件

(1)创建一个单位为毫米,名为 assembly _ chilunbeng 的文件,并保存在 D:\ chilunbeng 下。

(2)调用建模和装配模块,并打开装配导航器。

(3)将光盘中本例所使用到的部件文件都复制到装配文件所在的目录 D:\ chilunbeng 下。

7.6.2 添加组件 jizuo 并定位

请参照 7.3 节中"添加组件 chajia 并定位",此处不再赘述。

7.6.3 添加组件 qianduangai 并定位

(1)添加组件 qianduangai

调用【添加组件】工具,并选取 qianduangai. prt 文件,其参数设置同例 7.3 中的组件 lunzi,单击【确定】按钮,弹出【装配约束】对话框。

(2)定位组件 qianduangai

如图 7-98 所示,在面 1 与面 2 之间添加接触约束,在中心线 1 与中心线 2 之间、中心线 3 与中心线 4 之间分别添加对齐约束,结果如图 7-99 所示。对于前端盖与机座的装配,有三个约束:一个接触约束和两个对齐约束,可以使前端盖形成完全约束。

图 7-98　　　　　　　　　　　　　　图 7-99

7.6.4 添加组件 chilunzhou 1 并定位

(1)添加组件 chilunzhou1

调用【添加组件】工具,并选取 chilunzhou1. prt 文件,其参数设置同例 7.3 中的组件 lunzi,单击【确定】按钮,弹出【装配约束】对话框。

(2)定位组件 chilunzhou1

如图 7-100 所示,在面 1 与面 2 之间添加接触约束,在中心线 1 与中心线 2 之间添加对齐约束,结果如图 7-101 所示。对于齿轮轴 1 与机座的装配,有两个约束:一个对齐约束和一个接触约束,可以使齿轮轴 1 形成欠约束,齿轮轴 1 可以绕着自身中心轴线旋转。

图 7-100 组件预览 面2 中心线2

图 7-101

中心线1 面1

7.6.5 添加组件 chilunzhou 2 并定位

以同样的方式完成齿轮轴 2 组件的装配,如图 7-102 所示。然后在齿轮轴 1 和齿轮轴 2 之间添加接触约束,使两齿端面相切,结果如图 7-103 所示。

图 7-102

图 7-103

7.6.6 添加组件 houduangai 并定位

(1)添加组件 houduangai

调用【添加组件】工具,并选取 houduangai. prt 文件,其参数设置同例 7.3 中的组件 lunzi,单击【确定】按钮,弹出【装配约束】对话框。

(2)定位组件 houduangai

如图 7-104 所示,在面 1 与面 2 之间、面 3 与面 4 之间分别添加对齐约束,在面 5 与面 6 之间添加接触约束,结果如图 7-105 所示。对于后端盖的装配,有三个装配约束,两个对齐约束和一个接触约束,可以使后端盖形成完全约束。

图 7-104　　　　　　　　　　　　　　　　　　图 7-105

7.6.7　添加组件 fangchenzhao 并定位

（1）添加组件 fangchenzhao

调用【添加组件】工具，并选取 fangchenzhao. prt 文件，其参数设置同例 7.3 中的组件 lunzi，单击【确定】按钮，弹出【装配约束】对话框。

（2）定位组件 fangchenzhao

如图 7-106 所示，在面 1 与面 2 之间添加接触约束，在中心线 1 与中心线 2 之间添加对齐约束，结果如图 7-107 所示。对于防尘罩的装配，有两个约束：一个接触约束和一个对齐约束，可以使防尘罩形成欠约束，防尘罩可以绕自身中心轴线旋转。

图 7-106　　　　　　　　　　　　　　　　　　图 7-107

7.6.8　添加组件 yuantoupingjian 并定位

（1）添加组件 yuantoupingjian

调用【添加组件】工具，并选取 yuantoupingjian. prt 文件，其参数设置同例 7.3 中的组件 lunzi，单击【确定】按钮，弹出【装配约束】对话框。

（2）定位组件 yuantoupingjian

如图 7-108 所示，在面 1 与面 2 之间添加接触约束，在中心线 1 与中心线 2 之间、中心线 3 与中心线 4 之间分别添加对齐约束,结果如图 7-109 所示。对于圆头平键的装配,有三个约束:一个接触约束和两个对齐约束,可以使圆头平键形成欠约束,圆头平键可以绕齿轮轴 1 的中心轴线旋转。

图 7-108

图 7-109

7.6.9 添加组件 chilun 并定位

(1)添加组件 chilun

调用【添加组件】工具,并选取 chilun. prt 文件,其参数设置同例 7.3 中的组件 lunzi,单击【确定】按钮,弹出【装配约束】对话框。

(2)定位组件 chilun

如图 7-110 所示,在面 1 与面 2 之间添加接触约束,在中心线 1 与中心线 2 之间添加对齐约束,在键槽的两侧平面和键两侧端面之间添加中心约束(2 对 2),结果如图 7-111 所示。对于齿轮的装配,有三个约束:一个接触约束、一个对齐约束和一个中心约束,可以使齿轮形成欠约束,齿轮可以绕齿轮轴 1 的中心轴旋转。

图 7-110

7.6.10 齿轮泵的最终装配结果如图 7-112 所示

图 7-111   图 7-112

7.7 化工储罐的建模与装配

本节首先介绍化工储罐的创建方法,然后将创建好的储罐零件以及已有的垫圈、法兰、螺栓、螺母等零件,完成储罐的装配。

由于篇幅限制,这里仅介绍大致的操作步骤,具体步骤请参照光盘中的综合实例"化工储罐的建模与装配"。

7.7.1 储罐零件的建模

储罐零件的模型如图 7-113 所示。其主要尺寸(单位:毫米)如下:

- 椭圆封头:长半轴=100,短半轴=50;
- 筒体:内直径 D=200,长 Length=300,壁厚 thick=10;
- 管接头:内直径 Φ60,高 h=50,壁厚 5;
- 法兰盘:外直径 Φ110,厚 10,孔 Φ10。

图 7-113

其操作步骤如下:

（1）创建筒体和封头，如图 7-114 所示。

（2）创建接管，如图 7-115 所示。

（3）创建法兰盘，如图 7-113 所示。

图 7-114

图 7-115

7.7.2 化工储罐的装配

通过 Wave 几何链接器构造垫片和法兰盘，其中垫片 washer 厚 10mm，法兰盘 flange 厚 10mm；然后添加 bolt 和 Hex 组件；最后通过组件阵列完成装配。化工储罐的装配模型如图 7-116 所示。

图 7-116

其操作步骤如下：

（1）创建一个单位为毫米，名为 assy_cask 的文件，将其保存在 D：\cask 下，并将 ch16\cask 目录下的部件文件复制到 D：\cask 下。

（2）添加组件 cask（储罐主体）并为其添加固定约束。

（3）添加组件 hex（螺母），并为其添加接触对齐约束。

（4）添加组件 bolt（螺栓），并为其添加接触对齐约束和距离约束，如图 7-117 所示。

（5）为 hex 和 bolt 创建组件阵列，如图 7-118 所示。

（6）通过【WAVE 几何链接器】创建一个 washer（垫圈）组件，并为其添加接触对齐约束，如图 7-119 所示。

（7）通过【WAVE 几何链接器】创建一个 flange（法兰盘）组件，并为其添加接触对齐约束。

图 7-117   图 7-118   垫圈组件 图 7-119

7.8 思考与练习

1. UG NX 采用什么方式进行装配建模？这样做有什么优点？

2. 简述组件对象、组件部件、零件的区别。

3. 什么是从底向上建模？什么是自顶向下建模？自顶向下建模又有哪两种基本方法？

4. 什么是引用集？使用引用集策略有什么作用？

5. 什么是爆炸视图？与其他视图相比，有哪些异同点？

6. 根据 heye 文件夹中的 heye_1. prt、heye_2. prt 和 maoding. prt，完成如文件 Assy_heye. prt 所示的装配，完成后的装配图如图 7-120 所示。

图 7-120

7. 根据文件 dachilun. prt、dingjuhuan. prt、jian. prt、zhou. prt、和 zhoucheng. prt，完成如文件 Assembly_zhou. prt 所示的装配，完成后的装配图如图 7-121 所示。

图 7-121

第8章　工程制图实例

虽然现在越来越多的制造行业已经转向无纸化设计和数控加工,但工程图纸仍是传递工程信息的重要媒介。因此,零件的三维模型创建完成后,有时为了方便与其他工作人员沟通,还需要建立工程图。在 UG NX 中,工程图的建立是在【制图】模块中进行的。

本章主要介绍 UG NX 制图模块的操作使用,具体内容包括工程图纸的创建与编辑、制图参数预设置、视图的创建与编辑、尺寸标注、数据的转换等内容。

本章学习目标

- 了解 UG NX 制图模块的特点、用户界面及一般出图过程;
- 掌握工程图纸的创建和编辑方法;
- 掌握各种视图的创建与编辑方法;
- 掌握工程图的标注方法;
- 掌握制图模块参数预设置的方法;
- 掌握数据转换方法。

8.1　工程制图概述

UG NX 系统中的工程图模块不应理解为传统意义上的二维绘图,它不是用曲线工具直接绘制的工程图,而是利用 UG NX 的建模功能创建的零件和装配模型,引用到 UG NX 的制图模块中,快速地生成二维工程图。

由于 UG NX 软件所创建的二维工程图是由三维实体模型二维投影所得到的,因此,工程图与三维实体模型是完全关联的,实体模型的尺寸、形状和位置的任何改变,都会引起二维工程图的变化。

8.1.1　制图模块的调用方法

调用制图模块的方法大致有 3 种:

(1)单击【应用】工具条上的【制图】命令图标。

(2)在【标准】工具条的【开始】下拉菜单中选择【制图】命令。

(3)按快捷键 Ctrl+Shift+D。

如图 8-1 所示为 UG NX 制图工作环境界面,该界面与实体建模界面相比,在【插入】下拉菜单中增加了二维工程图的有关操作工具。另外,主界面还增加了 6 个工具条,应用这些菜单命令和工具条按钮,可以快速创建和编辑二维工程图。

图 8-1

8.1.2　UG NX 出图的一般流程

UG NX 出图的一般流程为：

（1）打开已经创建好的部件文件，并加载【建模】及【制图】模块。

（2）设定图纸。包括设置图纸的尺寸、比例以及投影角等参数。

（3）设置首选项。UG 软件的通用性比较强，其默认的制图格式不一定满足用户的需要，因此在绘制工程图之前，需要根据制图标准设置绘图环境。

（4）导入图纸格式（可选）。导入事先绘制好的符合国标、企标或者适合特定标准的图纸格式。

（5）添加基本视图。例如主视图、俯视图、左视图等。

（6）添加其他视图。例如局部放大图、剖视图等。

（7）视图布局。包括移动、复制、对齐、删除以及定义视图边界等。

（8）视图编辑。包括添加曲线、修改剖视符号、自定义剖面线等。

（9）插入视图符号。包括插入各种中心线、偏置点、交叉符号等。

（10）标注图纸。包括标注尺寸、公差、表面粗糙度、文字注释以及建立明细表和标题栏等。

（11）保存或者导出为其他格式的文件。

（12）关闭文件。

8.2 工程制图常用命令介绍

8.2.1 工程图纸的创建与编辑

在介绍工程图纸的具体创建与编辑方法之前,首先介绍一下【图纸】工具条上的【显示图纸页】命令,通过此命令可以在三维图与工程图之间切换。但切换到三维图状态后的环境并不是【建模】环境,仍然是【制图】环境。进入【制图】环境后此命令自动打开。

1. 创建工程图纸

通过【新建图纸页】命令,可以在当前模型文件内新建一张或多张具有指定名称、尺寸、比例和投影角的图纸。

图纸的创建可以由两个途径来完成。一是首次调用【制图】模块后,在进入制图环境的同时,系统会弹出【图纸页】对话框;二是在制图环境中,可以选择菜单【插入】|【图纸页】命令,或者单击【图纸】工具条上的【新建图纸页】命令图标,也会弹出【图纸页】对话框,如图8-2所示。

设置图纸的规格、名称、单位及投影角后,单击【确定】按钮,即可创建图纸页。

该对话框中各选项的意义如下所述:

● 大小:共有3种规格的图纸可供选择,即【使用模板】、【标准尺寸】和【定制尺寸】。

(1)使用模板:使用该选项进行新建图纸的操作最为简单,可以直接选择系统提供的模板,将其应用于当前制图模块中。

(2)标准尺寸:图纸的大小都已标准化,可以直接选用。至于比例、边框、标题栏等内容需要自行设置。

(3)定制尺寸:图纸的大小、比例、边框、标题栏等内容均需自行设置。

● 名称:包括【图纸中的图纸页】和【图纸页名称】两个选项。

(1)图纸中的图纸页:列表显示图纸中所有的图纸页。对 UG 来说,一个部件文件中允许有若干张不同规格、不同设置的图纸。

(2)图纸页名称:输入新建图纸的名称。输入的名称最多包含30个字符,但不能含有空格、中文等特殊字符,所取的名称应具有一定的意义,以便管理。

● 单位:制图单位可以是英寸(Inch,为英制单位)或毫米(Millimeters,为公制单位)。选择不同的单位,在图纸尺寸下拉列表中具有不同的内容,我国的标准是公制单位。

● 投影:为工程图纸设置投影方法,其中【第一象限角投影】是我国国家标准,【第三象限角投影】则是国际标准。

● 自动启动基本视图命令:对于每个部件文件,插入第一张图纸页时,会出现该复选框。选择该复选框后,创建图纸后系统会自动启用创建【基本视图】命令。

2. 打开工程图纸

若一个文件中包含几张工程图纸的时候,可以打开已经存在的图纸,使其成为当前图纸,以便进一步对其进行编辑。但是,原先打开的图纸将自动关闭。

打开工程图纸的方法大致有3种:

(1)在部件导航器中双击欲要打开的图纸页节点;

图 8-2

（2）在部件导航器中选择欲要打开的图纸页节点，然后单击右键，在弹出的快捷菜单中选择【打开】，如图 8-3（a）所示。

（3）单击【图纸】工具条上的【打开图纸页】命令图标，弹出【打开图纸页】对话框，如图 8-3（b）所示。列表框中列出了所有已创建但未打开的工程图纸清单，选择想要打开的工程图纸或直接在【图纸页名称】文本框中输入工程图纸名称，单击【确定】按钮即可打开所选图纸。

3. 编辑工程图纸

在进行视图添加及编辑过程中，有时需要临时添加剖视图、技术要求等，而在新建过程中设置的工程图参数可能无法满足要求（如图纸类型、图纸尺寸、图纸比例），这时需要对图纸进行编辑。

编辑工程图纸的方法大致有 2 种：

（1）在部件导航器中选择欲要编辑的图纸页节点，然后单击右键，在弹出的快捷菜单中

(a)   (b)

图 8-3

选择【编辑图纸页】,如图 8-3(a)所示。

(2)选择菜单【编辑】|【图纸页】命令。

 提示：

只有在图纸上没有投影视图存在时,才可以修改投影角。

4. 删除工程图纸

删除工程图纸的方法大致有 2 种：

(1)在部件导航器中选择欲要删除的图纸页节点,然后单击右键,在弹出的快捷菜单中选择【删除】,如图 8-3(a)所示。

(2)将光标放置在图纸边界虚线部分,单击【左键】选中图纸页,然后单击右键,在弹出的快捷菜单中选择【删除】,或直接按键盘上 Delete 键。

8.2.2 视图创建

创建好工程图纸后,就可以向工程图纸添加需要的视图,如基本视图、投影视图、局部放大视图以及剖视图等。

如图 8-4 所示,【图纸】工具条上包含了创建视图的所有命令。另外,通过下拉菜单中的【插入】|【视图】下的子命令也可以创建视图。

1. 基本视图

基本视图指实体模型的各种向视图和轴测图,包括前视图、后视图、左视图、右视图、俯视图、仰视图、正等轴测图和正二测视图。基本视图是基于三维实体模型添加到工程图纸上的视图,所以又称为模型视图。

在一个工程图中至少要包含一个基本视图。除基本视图外的视图都是基于图纸页上的其他视图来建立的,被用来当作参考的视图称为父视图。每添加一个视图(除基本视图)时都需要指定父视图。

单击【图纸】工具条上的【基本视图】命令,弹出【基本视图】对话框,如图 8-5 所示。

● 部件:该选项区的作用主要是选择部件来创建视图。如果是先加载了部件,再创建视图,则该部件被自动列入【已加载的部件】列表中。如果没有加载部件,则通过单击【打开】

图 8-4

图 8-5

按钮来打开要创建基本视图的部件。

● 视图原点：该选项区用于确定原点的位置，以及防止主视图的方法。

● 模型视图：该选项区的作用是选择基本视图来创建主视图。

（1）要使用的模型视图：从下拉列表中选择一基础视图。在该下拉列表中共包含了 8 种基本视图。

（2）定向视图工具：单击图标，弹出如图 8-6 所示的定向视图窗口，通过该窗口可以在放置视图之前预览方位。

图 8-6

● 刻度尺:该选项区用于设置视图的缩放比例。在【刻度尺】下拉列表中包含有多种给定的比例尺,如"1:5"表示视图缩小至原来的五分之一,而"2:1"则表示视图放大为原来的 2 倍。除了给定的固定比例值,还提供了"比率"和"表达式"两种自定义形式的比例。该刻度尺只对正在添加的视图有效。

● 设置:该选项区主要用来设置视图的样式。单击【视图样式】按钮,弹出如图 8-7 所示的【视图样式】对话框,可以在该对话框中进行相关选项的设置。

图 8-7

【例 8-1】 创建基本视图

(1)打开 ch8/Base View.prt,其三维模型如图 8-8(a)所示。

(2)按快捷键 Ctrl+Shift+D 调用制图模块,自动弹出【图纸页】对话框。

(3)图纸参数设置:在【大小】选项区中选择【标准尺寸】单选按钮,并选择图纸大小为【A4-210×297】,然后在【设置】选项区中选择【毫米】单选按钮,并单击【第一象限角投影】按钮,单击【确定】按钮后,弹出【基本视图】对话框。

(4)视图参数设置:在【要使用的模型视图】下拉列表中选择【俯视图】,并在【比例】下拉列表中选择 2:1。

(5)放置视图:在合适的位置处单击 MB1,即可在当前工程图中创建一个模型视图,如图 8-8(b)所示。

(a)   (b)

图 8-8

2. 投影视图

投影视图,即国标中所称的向视图,它是根据主视图来创建的投影正交视图或辅助视图。

在 UG 制图模块中,投影视图是从一个已经存在的父视图沿着一条铰链线投影得到的,投影视图与父视图存在着关联性。创建投影视图需要指定父视图、铰链线及投影方向。

单击【图纸】工具条上的【投影视图】命令,弹出如图 8-9 所示的对话框。

● 父视图:该选项区的主要作用是选择创建投影视图的父视图(主视图)。

● 铰链线:铰链线其实就是一个矢量方向,投影方向与铰链线相垂直,即创建的视图沿着与铰链线相垂直的方向投影。选择【反转投影方向】复选框,则投影视图与投影方向相反。

● 视图原点:该选项区的作用是确定投影视图的放置位置。

● 移动视图:该选项区的作用是移动图纸中的视图。

图 8-9

在图纸中选择一个视图后,即可拖动此视图至任意位置。

【例 8-2】 添加投影视图(续【例 8-1】)

(1)创建好基本视图后,自动弹出如图 8-9 所示的【投影视图】对话框,并且所创建的基本视图自动被作为投影视图的父视图

(2)由于【铰链线】默认为【自动判断】,所以移动光标,系统的铰链线及投影方向都会自动改变,如图 8-10 所示。移动光标至合适位置处单击 MB1,即可添加一正交投影视图。

3. 局部放大图

将零件的局部结构按一定比例进行放大,所得到的图形称为局部放大图。局部放大图主要用于表达零件上的细小结构。

单击【图纸】工具条上的【局部放大图】命令,弹出如图 8-11 所示的【局部放大图】对话框。

(a)   (b)

图 8-10

图 8-11

【例 8-3】 添加局部放大图

(1)打开 ch8/Detail View.prt,然后调用【制图】模块,并打开 SHEET1 图纸。

(2)单击【图纸】工具条上的【局部放大图】命令,调用【局部放大图】工具。

(3)指定放大区域:在【类型】下拉列表中选择【圆形】,然后指定局部放大区域的圆心,移动光标,观察动态圆至合适大小时,单击 MB1。

（4）指定放大比例：在【比例】下拉列表中选择 2:1。

（5）在合适位置单击 MB1，即可在指定位置创建一局部放大视图，如图 8-12 所示。

DETAIL B
SCALE 2:1

图 8-12

4. 剖视图

在创建工程图过程中，为了清楚地表达腔体、箱体等类型零件的内部特征，往往需要创建剖视图，包括：全剖视图、半剖视图、旋转剖视图、局部剖视图等。

通过【剖视图】命令可以创建【全剖视图】和【阶梯剖视图】。

【例 8-4】 创建全剖视图

（1）打开 ch8/Section View_1.prt，并调用【制图】模块。

（2）单击【图纸】工具条上的【剖视图】命令，弹出如图 8-13(a)所示的对话框。

（3）选择父视图后，弹出如图 8-13(b)所示的【剖视图】对话框，并出现铰链线。

(a)

(b)

图 8-13

（4）定义剖切线样式：单击对话框中的【截面线型】按钮，弹出如图 8-14 所示的对话框，在【设置】选项区的【标准】下拉列表中选择【GB 标准】。

（5）选择如图 8-15(a)所示的圆心，以定义铰链线的位置，单击 MB1 确定。此时铰链线可绕一固定点 360 旋转。

（6）将视图移动到合适的位置后，单击 MB1 确定，结果如图 8-15(b)所示。

 提示：

为了使以后添加的剖视图的剖切线样式都是【GB 标准】，可以单击【首选项】|【截面线】，在【截面线首选项】对话框中对剖切线样式进行设置。

【例 8-5】 创建阶梯剖视图

（1）打开 ch8/Section View_2.prt，并调用【制图】模块。

（2）单击【图纸】工具条上的【剖视图】命令，弹出如图 8-13(a)所示的对话框。

（3）选择如图 8-16 所示的俯视图作为父视图，单击 MB1 确定，弹出如图 8-13(b)所示【剖视图】对话框，并出现铰链线。

图 8-14

图 8-15

(4)定义铰链线：

1)单击【定义铰链线】图标，选择图 8-16 所示的边，以定义剖切线的方向。

2)选择图 8-16 所示的点 1，然后单击【添加段】图标，并依次选择点 2、点 3(中点)。

(5)单击图 8-13(b)所示对话框上的【放置视图】图标，将视图移动到合适的位置后，单击左键确定，结果如图 8-17 所示。

5. 半剖视图

半剖视图是指以对称中心线为界，视图的一半被剖切，另一半未被剖切的视图。需要注意的是，半剖的剖切线只包含一个箭头、一个折弯和一个剖切段，如图 8-18 所示。

图 8-16

图 8-17

图 8-18

【例 8-6】 创建半剖视图

(1)打开 ch8/Half Section View.prt,并调用【制图】模块。

(2)单击【图纸】工具条上的【半剖视图】图标,弹出【半剖视图】对话框。

（3）选择父视图。

（4）选择如图 8-19（a）所示的圆心以定义剖切位置，单击 MB1 确定。

（5）选择如图 8-19（b）所示的圆心以定义折弯位置，单击 MB1 确定。

（6）将半剖视图移动至合适位置处，然后单击 MB1，结果如图 8-19（c）所示。

(a)   (b)   (c)

图 8-19

6. 旋转剖视图

旋转剖视图是指围绕轴旋转的剖视图。旋转剖视图可包含一个旋转剖面，它也可以包含阶梯以形成多个剖切面。在任一情况下，所有剖面都旋转到一个公共面中。

【例 8-7】 创建旋转剖视图

（1）打开 ch8/Revolved Section View. prt，并调用【制图】模块。

（2）单击【图纸】工具条上的【旋转剖视图】命令，弹出【旋转剖视图】对话框。

（3）选择父视图：本例选 TOP@1。

（4）指定旋转中心：选择大圆的圆心。

（5）指定第一段通过的点：选择图 8-20 所示的小圆圆心。

（6）指定第二段通过的点：选择图 8-20 所示的小圆圆心。

（7）添加段：单击【旋转剖视图】对话框上的【添加段】图标，选择第二段剖切线。

（8）指定新段通过的点：选择如图 8-21（a）所示的圆心。

（9）移动段：单击【旋转剖视图】对话

图 8-20

框上的【添加段】图标,将第二段剖切线移动至如图 8-21(b)所示的位置。

(a)   (b)

图 8-21

(10)放置视图:单击对话框上的【放置视图】图标,将所创建的全剖视图移动至合适位置处,然后单击 MB1,结果如图 8-22所示。

7. 局部剖视图

局部剖视图是指通过移除父视图中的一部分区域来创建剖视图。单击【图纸】工具条上的【局部剖】命令,弹出【局部剖】对话框,如图 8-23 所示。在对话框的列表中选择一个基本视图作为父视图,或者直接在图纸中选择父视图,将激活如图 8-24 所示的一系列操作步骤的图标。

图 8-22

图 8-23

图 8-24

● 操作类型:【创建】、【编辑】、【删除】单选按钮,分别对应着视图的建立、编辑以及删除等操作。

● 操作步骤:如图 8-24 所示的 5 个操作步骤图标将指导用户完成创建局部剖所需的交

互步骤。

（1）选择视图：单击该图标，选取父视图。

（2）指出基点：单击该图标，指定剖切位置。

（3）指出拉伸矢量：单击该图标，指定剖切方向。系统提供和显示一个默认的拉伸矢量，该矢量与当前视图的 XY 平面垂直。

（4）选择曲线：定义局部剖的边界曲线。可以创建封闭的曲线，也可以先创建几条曲线再让系统自动连接它们

（5）修改曲线边界：单击该图标，可以用来修改曲线边界。该步骤为可选步骤。

【例 8-8】 创建局部剖视图

（1）打开 ch8/Breakout Section. prt，并调用【制图】模块。

（2）选择主视图，并单击 MB3，在弹出的快捷菜单里选择【活动草图视图】。

（3）用【草图】工具条上的【艺术样条】命令绘制如图 8-25 所示的封闭曲线。

（4）单击【图纸】工具条上的【局部剖】图标，弹出【局部剖】对话框。

（5）选择主视图（FRONT@6）作为父视图。

（6）选择如图 8-26 所示的点作为基点。

（7）接受系统默认的拉伸矢量方向，故直接单击【选择曲线】图标，选择步骤（3）创建的样条曲线。

（8）单击【应用】按钮，结果如图 8-27 所示。

图 8-25　　　　　　图 8-26　　　　　　图 8-27

8. 展开剖视图

展开剖视图分为"展开的点到点剖视"和"展开的点和角度剖视"。两者的区别主要在于指定剖切线位置的方法不同："展开的点到点剖视"方式是在视图中指定剖切线通过的点来定义剖切线；而"展开的点和角度剖视"方式则是在视图中指定剖切节段和剖切角度来定义剖切线。本书只介绍"展开的点到点剖视"方式。

【例 8-9】 创建展开的点到点的剖视图

（1）打开 ch8/Unfolded Section View. prt，并调用【制图】模块。

（2）单击【插入】|【视图】|【截面】|【展开的点到点剖视图】命令，弹出【展开的点到点剖视图】对话框。

（3）选择俯视图（TOP@5）作为父视图。

（4）选择图 8-28 所示的边，以定义剖切线的方向。

（5）依次选择点 1（中点）、点 2、点 3 和点 4 作为旋转点。

（6）单击【放置视图】图标，将视图移动到合适的位置后，单击 MB1 确定，结果如图 8-29 所示。

图 8-28   图 8-29

9. 加载图框

在将所有必需的视图全部添加到图纸上之后,用户可能希望添加图纸边界、标题栏、修订栏等。可以提前创建这些格式,将它们另存为模板,以后再将它们调用到图纸中。

UG NX 提供两种添加图框的方法:

(1)输入法(Import 方法)

"输入法"方式是将组成图框的所有对象拷贝到图中。

(2)加载图框模板(Pattern 方法)

"加载图框模板"方式是将图框模板添加到工程图纸上,是加载图框最有效的方法,但使用该方法时需要先建立所需的模板。模板仅是一个图形对象,它代表了主模型中的多个对象,如线框、图表、文字等,但这些主模型对象只能在原部件文件中编辑修改。

建立图框模板时,一般采用工作坐标(WCS)作为模板存取时的参考坐标系。在制图模块中,工作坐标系统的原点位于图纸(虚线框)的左下角。

【例 8-10】 创建并调用 A3 图框

由于篇幅所限,本例只绘制一个简易的 A3 的图框,然后再添加到图中。

(1)在 C 盘建立一个目录以存放模板数据,如 C:\border。

(2)启动 UG NX,在调用【建模】和【制图】模块后,新建一个文件(例如 A3.prt)。

(3)绘制 A3 图框。

①新建图 Sheet 1,图纸的参数设置为:大小＝A3－297×420,比例＝1:1,第一角度投影角方式,单位为【毫米】。

②选择菜单【插入】|【草图曲线】|【轮廓】命令,绘制一个矩形,矩形应与图纸的虚线框重合。

(4)指定保存类型和模板的保存位置。

选择菜单【文件】|【选项】|【保存选项】命令,弹出【保存选项】对话框,如图 8-30 所示。选择【仅图样数据】单选按钮,然后单击对话框下部的【浏览】按钮定位到模板的保存目录(如 C:\border)或直接在文本框中输入模板的保存目录,单击【确定】按钮。

(5)保存部件文件。部件文件应保存在模板的保存目录下,如本例的部件文件是保存在 C:\Border 目录下。

(6)调用模板数据。

1)新建一个文件,调用【制图】模块,并新建一张 A3 工程图纸。

2)选择菜单【格式】|【图样】命令,弹出【图样】对话框,如图 8-31 所示。

图 8-30　　　　　　　　　　　　　　　　图 8-31

3)单击对话框中的第一个按钮【调用图样】,弹出【调用图样】对话框,如图 8-32 所示。指定模块的放大比例与参考坐标系,这里取默认值,直接按 MB2,然后从 C:\Border 目录选择包含模板数据的部件文件 A3.prt。

4)单击【确定】按钮后,弹出【点】对话框,用于指定模块的放置点,这里选择 WCS 坐标系的原点(0,0,0)。

5)单击【确定】按钮即可在当前图纸中添加 A3 图框。

8.2.3　视图编辑

向图纸中添加了视图之后,如果需要调整视图的位置、边界和视图的显示等有关参数,就需要用到本节介绍的视图编辑操作,这些操作起着至关重要的作用。视图编辑功能命令集中于【编辑】|【视图】菜单下。

1. 移动与复制视图

通过【移动/复制视图】命令可以在图纸上移动或复制已存在的视图,或者把选定的视图移动或复制到另一张图纸上。

单击【图纸】工具条上的【编辑视图下拉菜单】|【移动/复制视图】命令,弹出【移动/复制视图】对话框,如图 8-33 所示。

● 视图选择列表:选择一个或多个要移动或复制的视图,也可以直接从图形屏幕选择视图。既可以选择活动视图,也可以选择参考视图。

● 移动/复制方式:共有 5 种移动或复制视图的方式。

(1)至一点:单击该图标,选取要移动或复制的视图,在图纸边界内指定一点,即可将视图移动或复制到指定点。

图 8-32　　　　　　　　　　　图 8-33

（2）水平：单击该图标，选取要移动或复制的视图，即可在水平方向上移动或复制视图。

（3）竖直：单击该图标，选取要移动或复制的视图，即可在竖直方向上移动或复制视图。

（4）垂直于直线：单击该图标，选取要移动或复制的视图，再指定一条直线，即可在垂直于指定直线的方向上移动或复制视图。

（5）至另一图纸：单击该图标，选取要移动或复制的视图，即可将视图移动或复制到另一图纸上。

● 复制视图：选择该复选框，则复制选定的视图；反之，则移动选定的视图。

● 距离：选择该复选框，则可按照文本框中给定的距离值来移动或复制视图。

● 取消选择视图：单击该按钮，将取消选择已经选取的视图。

提示：

实际中常用的是直接拖动视图来移动视图。

2. 对齐视图

使用【对齐视图】命令可以在图纸中将不同的视图按照要求对齐，使其排列整齐有序。

单击【图纸】工具条上的【编辑视图下拉菜单】|【对齐视图】命令，弹出【对齐视图】对话框，如图 8-34 所示。

● 视图选择列表：选择要对齐的视图。既可以选择活动视图，也可以选择参考视图。除了从该列表选择视图以外，还可以直接从图形屏幕选择视图

● 对齐方式：共有 5 种对齐视图的方式。

（1）叠加：将各视图的基准点重合对齐。

（2）水平：将各视图的基准点水平对齐。

（3）竖直：将各视图的基准点竖直对齐。

（4）垂直于直线：将各视图的基准点垂直于某一直线对齐。

（5）自动判断：将根据选取的基准点类型不同，采用自动推断方式对齐视图。

● 对齐基准选项：用于设置对齐时的参考点（称为基准点）。

（1）模型点：该选项用于选择模型中的一点作为基准点。

（2）视图中心：该选项用于选择视图的中心点作为基准点。

（3）点到点：该选项要求在各对齐视图中分别指定基准点，然后按照指定的点进行对齐。

【例 8-11】 使用【对齐视图】工具对齐视图

（1）打开 ch8/Align View.prt，并调用【制图】模块。

（2）单击【图纸】工具条上的【编辑视图下拉菜单】|【对齐视图】命令，弹出【对齐视图】对话框。

（3）选择如图 8-35 所示的点作为"静止的点"。

图 8-34　　　　　　　　　　　图 8-35

（4）选择阶梯剖视图作为"要对齐的视图"。

（5）单击【竖直】按钮，视图自动对齐，结果如图 8-36 所示。

【例 8-12】 以辅助线方式对齐视图

（1）打开 ch8/Align View.prt，并调用【制图】模块。

（2）选择要对齐的视图。

（3）按住 MB1 并在目标视图的周围拖动光标，直到看到辅助线，如图 8-37 所示。

（4）沿着辅助线拖动视图，在合适位置处单击 MB1，即可对齐视图。

图 8-36　　　　　　　　　　　图 8-37

3. 移除视图

移除视图的方法大致有 3 种：

(1)选中要删除的视图,直接按 Delete 键即可。

(2)选择要删除的视图,并单击右键,在弹出的快捷菜单中选择【删除】命令。

(3)在部件导航器中,选择要删除的视图的节点,并单击右键,在弹出的快捷菜单中选择【删除】命令。

4. 自定义视图边界

使用【边界】命令可以用于自定义视图边界。

单击【编辑】|【视图】|【边界】命令,弹出【视图边界】对话框,如图 8-38 所示。

共有 4 种定义视图边界的方法,分别如下所述：

● 截断线/局部放大图：自定义一个任意形状的边界曲线,视图将只显示边界曲线包围的部分。

● 手工生成矩形：在所选的视图中按住 MB1 并拖动来生成矩形的边界。该边界可随模型更改而自动调整视图的边界。

● 自动生成矩形：自动定义一个动态的矩形边界,该边界可随模型的更改而自动调整视图的矩形边界。

图 8-38

● 由对象定义边界：通过选择要包围的点或对象来定义视图的范围,可在视图中调整视图边界来包围所选择的对象。

【例 8-13】 以截断线/局部放大图方式定义视图边界

(1)打开 ch8/View Boundary.prt,并调用【制图】模块。

(2)绘制边界：选择视图 TOP@1,并单击 MB3,在弹出的快捷菜单里选择【活动草图视图】;用【草图】工具条上的【艺术样条】命令绘制如图 8-39(a)所示的封闭曲线。

(a)　　　　　　　　　　　　　　　(b)

图 8-39

(3)调用【自定义视图边界】工具,并选择视图 TOP@1 作为父视图。

(4)在下拉列表中选择【截断线/局部放大图】。

(5)选择在步骤(2)中创建的封闭曲线作为视图边界。

(6)单击【确定】按钮,结果如图 8-39(b)所示。

5.编辑截面线

通过【编辑截面线】命令可以对阶梯剖、旋转剖、展开剖等剖视图的剖切线进行编辑,包括:增加剖切线、删除剖切线、移动剖切线以及重新定义铰链线等。

单击【制图编辑】工具条上的【编辑截面线】命令,弹出【截面线】对话框,如图 8-40 所示。

修改剖切线的属性,需要先选择要编辑的剖切线。选择剖切线的方法有两种:

● 直接选择剖切线。

● 单击对话框上的【选择剖视图】按钮,然后选择一个剖视图,系统会自动选取所选视图中的剖切线。

根据不同的剖视图,对话框中的选项会有所不同。

● 添加段:用"点"工具指定要增加的剖切线位置后,系统会在指定位置增加一段剖切线,并更新剖切视图,如图 8-41所示。

● 删除段:在视图上选择要删除的剖切线,按 MB2,系统就会自动删除所选的剖切线段,并更新视图,如图 8-42 所示。

图 8-40

图 8-41

● 移动段:选择视图上要移动的剖切线段(也可以是箭头或弯折位置),再用"点"工具指定移动的目标位置。指定目标位置后,系统会自动更新剖切线与视图,如图 8-43 所示。

● 移动旋转点:指定新的旋转中心,系统会自动将旋转剖切中心移动到指定点并更新视图。

● 重新定义链线:利用向量工具重新指定一条铰链线,系统会自动更新视图。

● 重新定义箭头矢量:利用向量工具重新指定剖切方向,系统会自动更新视图。

● 剖切角:该选项只用来编辑展开的剖切角。

图 8-42

图 8-43

6. 组件剖视

使用【视图中剖切】命令可将剖视图中的装配组件或实体编辑为剖切的或非剖切的。

单击【制图编辑】工具条上的【视图中剖切】命令,弹出【视图中剖切】对话框,如图 8-44 所示。

● 变成非剖切:将选定对象变成非剖切对象。

● 变成剖切:可使视图中的组件或实体成为剖切的组件或实体。

● 移除特定于视图的剖切属性:从选定组件中移除特定于视图的剖切属性。

【例 8-14】 将剖切的组件改为非剖切

(1)打开 ch8/Section in View.prt,并调用【制图】模块。

(2)选择剖视图 SX@3,然后选择两个螺栓组件,如图 8-45所示。

(3)在【操作】选项区中选择【变成非剖切】单选按钮。

(4)单击【确定】按钮,发现剖视图并没有变化。

(5)单击【图纸】工具条上的【更新视图】命令,在【更新视图】对话框中选择视图 SX@3,单击【确定】按钮,结果如图 8-46 所示。

图 8-44

选择这两个组件

图 8-45

图 8-46

7. 视图相关编辑

前面介绍的有关视图操作都是对工程图的宏观操作,而【视图相关编辑】则属于细节操作,其主要作用是对视图中的几何对象进行编辑和修改。

单击【制图编辑】工具条上的【视图相关编辑】命令,弹出【视图相关编辑】对话框,如图8-47所示。

● 添加编辑:对视图对象进行编辑操作。

(1)擦除对象:利用该选项可以擦除视图中选取的对象。擦除与删除的意义不同,擦除对象只是暂时不显示对象,以后还可以恢复,并不会对其他视图的相关结构和主模型产生影响。

(2)编辑完全对象:利用该选项可以编辑所选整个对象的显示方式,包括颜色、线型和宽度。

(3)编辑着色对象:利用该选项可以控制成员视图中对象的局部着色和透明度。

(4)编辑对象段:利用该选项可以编辑部分对象的显示方式,其方法与【编辑完全对象】类似。

(5)编辑剖视图背景:在创建剖视图时,可以有选择地保留背景线,而且用背景线编辑功能,不仅可以删除已有的背景线,还可以添加新的背景线。

● 删除编辑:用于删除对视图对象所做的编辑操作。

(1)删除选择的擦除:使先前擦除的对象重新显现出来。

(2)删除选择的修改:使先前修改的对象退回到原来的状态。

(3)删除所有修改:删除以前所做的所有编辑,使对象恢复到原始状态。

● 转换相关性:用于设置对象在模型和视图之间的相关性。

模型转换到视图:将模型中存在的某些对象(模型相关)转换为单个成员视图中存在的对象(视图相关)。

视图转换到模型:将单个成员视图中存在的某些对象(视图相关对象)转换为模型对象。

● 线框编辑:设置线条的颜色、线型和线宽。

● 着色编辑:设置对象的颜色、透明度等。

8. 更新视图

模型修改后,需要"更新"工程图纸。可更新的项目包括隐藏线、轮廓线、视图边界、剖视图和剖视图细节。单击【图纸】工具条上的【更新视图】命令图标,弹出【更新视图】对话框,如图 8-48 所示。

图 8-47

图 8-48

- 选择视图:在图纸中选择需要更新的视图。
- 显示图纸中的所有视图:选择该复选框,则部件文件中的所有视图都在该对话框中可见并可供选择;反之,则只能选择当前显示的图纸上的视图。
- 选择所有过时视图:手动选择工程图中的过期视图。
- 选择所有过时自动更新视图:自动选择工程图中的过期视图。

8.2.4 尺寸标注

尺寸标注用于表达实体模型尺寸值的大小。在 UG NX 中,制图模块与建模模块是相关联的,在工程图中标注的尺寸就是所对应实体模型的真实尺寸,因此无法直接对工程图的尺寸进行改动。只有在【建模】模块中对三维实体模型进行尺寸编辑,工程图中的相应尺寸才会自动更新,从而保证了工程图与三维实体模型的一致性。

1. 尺寸标注的类型

如图 8-49 所示为【尺寸】工具条,该工具条提供了创建所有尺寸类型的命令。

有些尺寸标注类型含义清晰,在此不再赘述,只对部分尺寸类型进行讲解。

- 倒斜角:用于标注 45 倒角的尺寸,暂不支持对其他角度的倒角进行标注。
- 成角度:用于标注两条非平行直线之间的角度。
- 圆柱形:用于标注所选圆柱对象的直径尺寸,如图 8-50(a)所示。

图 8-49

● 厚度：创建厚度尺寸,该尺寸测量两个圆弧或两个样条之间的距离。

● 圆弧长：创建一个测量圆弧周长的圆弧长尺寸。

● 水平链：用于将图形的尺寸依次标注成水平链状形式。单击命令,在视图中依次拾取尺寸的多个参考点,然后在合适的位置单击,系统自动在相邻参考点之间添加水平链状尺寸标注,如图 8-50(b)所示。

● 水平基线：用于将图形中的多个尺寸标注为水平坐标形式,选取的第一个参考点为公共基准,如图 8-50(c)所示。

(a)圆柱形　　　　　(b)水平链　　　　　(c)水平基线

图 8-50

2. 标注尺寸的一般步骤

标注尺寸时一般可以按照如下步骤进行：

(1)根据所要标注的尺寸,选择正确的标注尺寸类型。

(2)设置相关参数,如箭头类型、标注文字的放置位置、附加文本的放置位置及文本内容、公差类型及上下偏差等。

(3)选择要标注的对象,并拖动标注尺寸至理想位置,单击 MB1,系统即在指定位置创建一个尺寸标注。

 提示：

在大多数情况下,使用【自动判断】就能完成尺寸的标注。只有当【自动判断】无法完成尺寸的标注时,才使用其他尺寸类型。

【例 8-15】 标注尺寸举例

(1)在【尺寸】工具条上单击【自动判断】命令,弹出如图 8-51 所示的对话框。

图 8-51

（2）设置相关参数。

● 单击【尺寸标注样式】图标 $\boxed{^A\!A}$，弹出尺寸类型设置对话框，一般情况下可接受默认值。

● 【标称值】 $\boxed{1\text{·}}$，用于设置尺寸的精度。"1"表示标注尺寸具有 1 位小数，"2"表示标注尺寸具有 2 位小数，"0"表示标注尺寸无小数。

● 【公差图标】 $\boxed{1.00 \quad \text{·}}$，用于设置公差类型。选择该按钮后，将弹出一个下拉列表，从中选择一种合适的公差类型即可。

● 【文本编辑器】 $\boxed{\text{A}}$，用于标注尺寸、附加文本的设置及文本输入。

● 【重置】 $\boxed{\square}$：重置所有参数为默认值。

（3）选择标注对象。

（4）拖动标注尺寸至合适位置处，单击 MB1 放置标注尺寸。

8.2.5 参数预设置

在 UG NX 中创建工程图，应根据需要进行相关参数的预设置，以使所创建的工程图符合国家标准和企业标准。

利用四个选项能方便地设置制图参数，其功能介绍如下：

● 视图首选项：用于控制视图中的显示参数；

● 注释首选项：设置注释的各种参数；

● 剖切线首选项：用于控制以后添加到图纸中的剖切线显示；

● 视图标签首选项：用于控制视图标签的显示和查看图纸上成员视图的视图比例标签。

其中，【视图首选项】和【注释首选项】最为常用，本节将详细讲述这两个选项。

除此之外，还可以通过菜单【首选项】|【制图】命令，对制图参数进行预设置。

1. 制图参数预设置

选择菜单【首选项】|【制图】，弹出如图 8-52 所示对话框，该对话框由 6 个选项卡组成。通常除【视图】选项卡中的【边界】选项外，采用默认设置。选择【显示边界】复选框，则会显示视图边界；反之，则不显示视图边界。

图 8-52

2. 视图参数预设置

通过【视图首选项】能控制视图中的显示参数,例如控制隐藏线、剖视图背景线、轮廓线、光顺边等的显示。单击【首选项】|【视图】命令,系统弹出【视图首选项】对话框,如图 8-53 所示。该对话框中共有 14 个选项卡,其中常用的有【常规】、【隐藏线】、【可见线】、【光顺边】等。

图 8-53

● 常规选项卡

轮廓线:该复选框用于控制轮廓线在图纸成员视图中的显示。如果选择该复选框,系统将为所选图纸成员视图添加轮廓线;反之,则从所选成员视图中移除轮廓线,如图 8-54 所示。

UV 栅格:该复选框用于控制图纸成员视图中的 UV 栅格曲线的显示,如图 8-55 所示。

自动更新:该复选框用于控制实体模型更改后视图是否自动更新。

在图纸视图中,轮廓线为"开"　　在图纸视图中,轮廓线为"关"

图 8-54

在图纸视图中,UV删格为"关"　　在图纸视图中,UV删格为"开"

图 8-55

中心线:选择该复选框,则新创建的视图中将自动添加模型的中心线。

● 隐藏线选项卡

若选择【隐藏线】复选框,则会显示隐藏线,还可以设置隐藏线的颜色、线型和宽度等参数;若取消选择【隐藏线】复选框,则视图中的所有直线都将显示为实线,如图 8-56 所示。

关闭隐藏线　　　　　　打开隐藏线,而且线型为虚线

图 8-56

● 可见线选项卡

【可见线】选项卡用于设置轮廓线的颜色、线型和线宽等显示属性,一般可接受默认值。

● 光顺边选项卡

该选项卡用于控制【光顺边】的显示。光顺边是其相邻面在它们所吻合的边具有同一曲面切向的那些边。图 8-57 显示了使用【光顺边】选项对带有圆边的部分所产生的不同显示效果。

"光顺边"切换到"开"　　　　　　　"光顺边"切换到"关"

图 8-57

3. 标注参数预设置

【注释首选项】用于设置注释的各种参数,如标注文字、尺寸、箭头、文字、符号、单位等参数。单击【首选项】|【注释】命令,弹出【注释首选项】对话框,如图 8-58 所示。该对话框中共有 16 个选项卡,除【坐标】外,都经常使用。

图 8-58

● 尺寸选项卡

该选项卡可以设置箭头和直线格式、放置类型、公差和精度格式、尺寸文本角度和延伸线部分的尺寸关系。

尺寸线设置:尺寸线的引出线与箭头设置。根据标注尺寸的需要,单击左侧或右侧的引出线或箭头符号(和),可设置尺寸线是否显示引出线和箭头。

尺寸放置参数设置:在中间的下拉列表中设置尺寸标注方式,如图 8-59(a)所示。手动标注方式下,可手动指定标注文本的放置位置。若采用【手动标注－箭头在外】方式还需设置引出线是否有尺寸线,如图 8-59(b)所示。

图 8-59

标注文字方位:可通过组合框 来指定标注文字的方位,如图 8-60 所示。

标注文字在   标注文字在   标注文字与   对标注文字
尺寸线中心   尺寸线上方   尺寸线垂直   指定角度

图 8-60

精度和公差:在下拉组合框指定精度和公差标注类型。

倒斜角:提供 3 种倒斜角的标注方式。

● 直线/箭头选项卡

该选项卡可以设置箭头形状、引导线方向和位置、引导线和箭头的显示参数等,如图 8-58所示。

图中各参数含义清晰,在此不再赘述。需要注意的是,这里设置的参数只对以后产生的尺寸起作用。若要修改已存在的尺寸线和箭头的参数,可以在视图中选择一个箭头或尺寸线,然后单击右键,在弹出的对话框中选择【编辑】选项,弹出【编辑尺寸】对话框,如图 8-61所示。单击该对话框上的【尺寸样式】图标 ，即可编辑选定的尺寸。

图 8-61

● 文字选项卡

该选项卡可以设置应用于尺寸、附加文本、公差和常规文本(注释、ID 符号等)的文字的首选项。

8.2.6 数据转换

UG NX 可以通过文件的导入导出来实现数据转换,可导入导出的数据格式有:CGM、JPEG、DWF/DXF、STL、IGES、STEP 等常用数据格式。通过这些数据格式可与 Auto-CAD、Solid Edge、Ansys 等软件进行数据交换。

1. 导出文件的操作步骤

(1)从菜单【文件】|【导出】中调用导出 CGM/DXF/IGES/STEP 格式的命令。

(2)设置相关参数:导出对象、输出文件存放目录及文件名等。

(3)按 MB2 或单击【确定】按钮。

2. 导入文件的操作步骤

(1)从菜单【文件】|【导入】中调用导入 CGM/DXF/IGES/STEP 格式命令。

(2)选择欲要导入的文件。

(3)设置相关参数。

(4)按 MB2 或单击【确定】按钮。

【例 8-16】 导出 DWG 格式文件

执行数据转换的操作步骤基本相同。本书仅以输出 DWG 格式文件为例进行简单介绍,其他格式的数据转换不再赘述。

(1)打开 Data Exchange.prt。

(2)选择菜单【文件】|【导出】|【DXF/DWG】命令,弹出【导出至 DXF/DWG 选项】对话框,如图 8-62 所示。可以在【文件】选项卡上设置导出文件的存储位置和格式,并可在【要导出的数据】选项卡可以设置要导出的数据和视图。

图 8-62

(3)单击【确定】按钮,弹出如图 8-63 所示的窗口。

(4)数据转换完毕后,系统自动关闭该窗口,并在指定的路径下出现 DWG 文件。

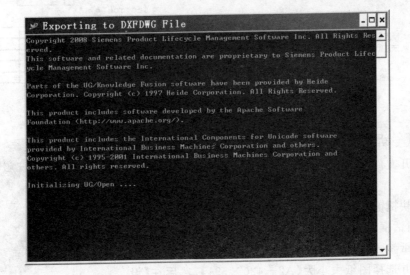

图 8-63

8.3 法兰轴工程图实例

法兰轴类零件主要在机械传动中用于直径差距较大的齿轮间的扭矩传动,其结构比较简单。在创建其工程图时,只需添加表达其主要结构特征的全剖视图、键槽处的移出剖面图,以及退刀槽处的局部放大图,即可完整地表达出该零件的形状特征。在添加完工程图视图后,还要清晰、完整、合理地标注出零件的基本尺寸、表面粗糙度以及技术要求等相关内容,以提供该零件在实际制造中的主要加工依据。最终完成的法兰轴工程图如图 8-64 所示。

图 8-64

8.3.1 新建图纸

(1)打开文件 ch8/falanzhou.prt,其三维模型如图 8-65 所示。

(2)按快捷键 Ctrl+Shift+D 调用制图模块,自动弹出【图纸页】对话框。

(3)图纸参数设置:在【大小】选项区中选择【标准尺寸】单选按钮,并选择图纸大小为【A2-420×594】,然后在【设置】选项区中选择【毫米】单选按钮,并单击【第三象限角投影】按钮,单击【确定】按钮后,弹出【基本视图】对话框。

图 8-65

8.3.2　制图准备工作

(1)制图首选项设置

选择菜单【首选项】|【制图】命令,单击【视图】选项卡,确认该选项卡中的【显示边界】复选框未处于选中状态。

(2)截面线首选项设置

单击【制图】工具条上的【截面线首选项】命令,弹出【截面线首选项】对话框,在【设置】选项区的【标准】下拉列表中选择【GB标准】。

(3)注释首选项设置

1)单击【制图】工具条上的【注释首选项】命令,弹出【注释首选项】对话框。

2)设置尺寸标注样式,如图 8-66 所示。

图 8-66

3)设置直线/箭头样式,如图 8-67 所示。

4)设置文字样式,如图 8-68 所示。

注:为了使 UG NX 支持汉字显示,将对话框中的 4 种文字类型的字体全部设置为 chinesef 样式。

图 8-67

图 8-68

5)设置单位样式,如图 8-69 所示。

6)设置径向标注样式,如图 8-70 所示。

8.3.3 创建基本视图

(1)视图参数设置:在【要使用的模型视图】下拉列表中选择【左视图】,并在【比例】下拉
列表中选择 2:1。

(2)放置视图:在合适的位置处单击 MB1,即可在当前工程图中创建一个模型视图,如

图 8-69

图 8-70

图 8-71 所示。

8.3.4　创建旋转剖视图

(1)单击【图纸】工具条上的【旋转剖视图】命令,弹出【旋转剖视图】对话框。

(2)选择父视图:选择刚创建的左视图作为父视图。

(3)指定旋转中心:选择大圆的圆心。

(4)指定第一段通过的点:选择图 8-72 所示的象限点。

(5)指定第二段通过的点:选择图 8-72 所示的小圆圆心。

(6)放置视图:单击对话框上的【放置视图】命令,将所创建的全剖视图移动至合适位置处,然后单击 MB1,结果如图 8-72 所示。

图 8-71

图 8-72

8.3.5　创建投影视图

（1）单击【图纸】工具条上的【投影视图】命令，弹出【投影视图】对话框。

（2）选择父视图：选择左视图作为投影视图的父视图。

（3）放置视图：由于【铰链线】默认为【自动判断】，所以移动光标，系统的铰链线及投影方向都会自动改变，如图 8-73 所示。移动光标至合适位置处单击 MB1，即可添加一正交投影视图，如图 8-74 所示。

8.3.6　创建剖视图

（1）单击【图纸】工具条上的【剖视图】命令，弹出【剖视图】对话框。

（2）选择父视图：选择上一步创建的投影视图作为父视图。

（3）定义铰链线：选择图 8-75 所示的短直线的中点，以定义铰链线的位置，此时铰链线可绕该点 360 旋转。

（4）放置视图：将视图移动到合适的位置后，单击 MB1 确定，结果如图 8-75 所示。

图 8-73

图 8-74

图 8-75

8.3.7 创建局部放大图

(1)单击【图纸】工具条上的【局部放大图】命令,调用【局部放大图】工具。

（2）指定放大区域：在【类型】下拉列表中选择【圆形】，然后指定局部放大区域的圆心，移动光标，观察动态圆至合适大小时，单击 MB1。

（3）指定放大比例：在【刻度尺】下拉列表中选择 2:1。

（4）放置视图：在合适位置单击 MB1，即可在指定位置创建一局部放大视图，如图 8-76 所示。

图 8-76

8.3.8   编辑剖视图背景

（1）单击【制图】工具条上的【视图相关编辑】命令，弹出【视图相关编辑】对话框，如图 8-77（a）所示。

（a）

（b）

图 8-77

（2）选择步骤 6 创建的剖视图作为要编辑的视图。

(3)单击【添加编辑】选项区中的【编辑剖视图背景】命令,弹出【类选择】对话框。

(4)选择图 8-77(b)所示的内圆,单击【确定】按钮,结果如图 8-77(b)所示。

(5)单击【确定】按钮,退出【视图相关编辑】对话框。

8.3.9 工程图标注

(1)标注水平尺寸,如图 8-78 所示。

图 8-78

(2)标注竖直尺寸,如图 8-79 所示。

图 8-79

(3)标注径向尺寸,如图 8-80 所示。

(4)标注圆柱尺寸,如图 8-81 所示。

(5)标注倒角尺寸,如图 8-82 所示。

(6)标注角度尺寸,如图 8-83 所示。

(7)编辑沉头孔尺寸

1)单击【制图】工具条上的【编辑文本】命令,弹出【文本】对话框。

图 8-80

图 8-81

图 8-82

图 8-83

2)选择沉头孔的内径尺寸"Φ8",在【文本】对话框中输入"4×",如图 8-84(a)所示。

3)单击该对话框中的【文本编辑】按钮,弹出如图 8-85 所示的【文本编辑器】对话框,单击对话框中的【下面】按钮。

4)单击【制图符号】选项区中的【沉头孔】图标,然后输入 12。

5)单击【制图符号】选项区中的【深度】图标,然后输入 4。

6)单击【关闭】按钮,退出【文本编辑器】对话框。

7)再次单击【关闭】按钮,退出【文本】对话框,结果如图 8-84(b)所示。

(8)标注表面粗糙度符号

1)选择菜单【插入】|【注释】|【表面粗糙度符号】,弹出【表面粗糙度符号】对话框,如图 8-86(a)所示。

2)首先单击顶部按钮中的【基本符号—需要材料移除】按钮,然后在【a2】文本框中输入 6.3,在【符号文本大小】下拉列表中选择"5",其余选项保持默认值。

3)单击【指引线类型】选项组中的【在边上创建】按钮,此时提示栏出现提示信息"选择边或尺寸",选择如图 8-86(b)所示的边,提示栏又出现提示信息"选择相对于边或延伸线的位置",在所选边的上方单击 MB1,完成表面粗糙度符号的创建。

(a)

(b)

图 8-84

图 8-85

4)重复步骤(3),完成另两个粗糙度符号的创建,结果如图 8-86(c)所示。

图 8-86

提示:

在首次标注表面粗糙度符号时,要检查工程图模块中的【插入】|【注释】子菜单中是否存在【表面粗糙度符号】命令。如果没有该命令,需要在 UG 安装目录的 UGII 子目录中找到环境变量设置文件"ugii_env.dat",用记事本将其打开,将环境变量"UGII_SURFACE_FINISH"的缺省设置改为"ON"。保存环境变量设置文件后,重新进入 UG 系统,才能进行表面粗糙度的标注工作。

(9)标注技术要求

1)单击【注释】工具条上的【注释】命令,弹出【注释】对话框,在【文本输入】文本框中输入如图 8-87 所示的文字,将其放置在图纸的左下角。

2)以同样的方式在图纸的左上角添加注释"其他:",将其放置在图纸的右上角。

3)在注释"其他:"的左侧添加表面粗糙度符号。

4)结果如图8-88所示。

图 8-87

图 8-88

8.3.10　创建表格

(1)单击【表格】工具条上的【表格注释】命令,出现如图8-89所示的表格预览,在图纸的右下角某处单击MB1,并调整表格的位置使其与图纸的边界重合。

图 8-89

(2)选择要合并的单元格,并单击MB3,在弹出的快捷菜单中选择【合并单元格】,如图8-90所示。以同样的方式合并另一处的单元格。

(3)双击某一单元格,随后会弹出文本输入框,输入需要填写的文字。

(4)若对填好后的文字格式不满意,可以对其进行修改。修改的方法是选择要修改的单元格,单击MB3,在弹出的快捷菜单中选择【样式】,即可对其字符大小、对齐方式等进行修改。

(5)创建好后的表格请参照图8-90。

图 8-90

8.4 虎钳工程图实例

由于篇幅限制,这里仅介绍大致的操作过程,具体步骤请参照本书视频。
其操作步骤如下:

8.4.1 进入制图模块

(1)打开文件"assy_huqian.prt",将其另存为"drafting_huqian.prt",进入制图模块。
(2)进行制图、视图和注释预设置。
(3)新建图纸页。

8.4.2 布置基本视图

(1)创建正二测视图,如图8-91(b)所示。
(2)创建前视图,如图8-91(a)所示。

(a) 前视图   (b) 正二测视图

图 8-91

8.4.3 插入零件明细表

(1)利用【零件明细表】工具在图纸的任意位置单击 MB1 以放置明细表。
(2)调用【自动标注符号】工具,先选择刚创建的零件明细表,然后再选择正二测视图,系统会为所选视图自动创建零件标号,如图 8-92 所示。

(3)根据需要调整零件明细表中的零件编号顺序。

PC NO	PART NAME	QTY
10	LUOMU	1
9	LUOGAN	1
8	CHENTOULUODING	1
7	FANGKUAILUOMU	1
6	ASSY_HUODONGQIANKOU	1
5	HUODONGQIANKOU	1
4	ASSY_DIZUO	1
3	DIZUO	1
2	QIANKOUBAN	2
1	LUODING	4

图 8-92

8.4.4 创建全剖视图

以前视图为父视图,创建全剖视图,如图 8-93 所示。

SECTION A-A

图 8-93

8.4.5 创建局部剖俯视图

(1)调用【投影视图】工具,以上一步创建的全剖视图为父视图,创建俯视图。

(2)在俯视图上绘制封闭样条线,如图 8-94 所示。

(3)创建局部剖视图。

(4)编辑局部剖视图,使两个螺钉组件变为"非剖切"。

(5)更新视图,结果如图 8-95 所示。

8.4.6 视图编辑

(1)调整视图布局,使各视图保持相对齐。

(2)调用【视图相关编辑】工具,擦除不必要的图线。

(3)删除正二测视图及所有自动零件编号。

(4)视图编辑结果如图 8-96 所示。

图 8-94

图 8-95

图 8-96

8.4.7　视图标注

(1)通过【2D 中心线】、【3D 中心线】等创建中心线的工具,为视图中的部分特征添加中心线。

(2)添加尺寸。

(3)调用【标识符号】工具,由全剖视图开始,以顺时针方向依次标注 ID 符号。

(4)编辑零件明细表。

(5)最终完成的虎钳装配图如图 8-97 所示。

8	六角螺母	1	45	
7	螺钉	4	45	
6	底座	1	HT250	
5	螺杆	1	45	
4	闷口板	2	45	
3	紧丁螺钉	1	45	
2	活动钳口	1	HT250	
1	螺母	1	45	
序号	名称	数量	材料	备注

图 8-97

SECTION A-A

图 8-97

8.5 思考与练习

1. 创建多通管零件工程图

零件模型如图 8-98 所示，创建完成的工程图如图 8-99 所示。

图 8-98

图 8-99

2. 创建齿轮轴工程图

零件模型如图 8-100 所示，创建完成的工程图如图 8-101 所示。

图 8-100

图 8-101

第9章　基于 UG 的运动与结构分析

UG NX 是集 CAD\CAE\CAM 于一体的三维参数化软件,其强大的 CAE 功能被大多数工程师用于仿真分析。UG/CAE(Computer Aided Engineering)模块主要包括运动仿真部分和结构有限元分析。

本章主要基于 UG NX 强大的仿真分析功能而编写的,主要介绍 UG NX 在动力学分析和有限元分析领域的功能与应用。本章共分为两个部分,第一部分为 UG 动力学分析部分,主要介绍 UG NX8.0 动力学分析的一些基本操作及简单实例。第二部分为 UG NX8.0 的有限元结构分析,主要介绍一些有限元分析的操作实例,包括模型分析准备,建立有限元模型,有限元模型的编辑,分析和查看结果等。

本章学习目标

- 了解 UG NX CAE 模块中运动仿真模块和结构有限元分析模块的特点、用户界面及一般仿真流程;
- 认识运动仿真工具栏及相关对话框,掌握运动仿真的创建和执行运动仿真;
- 了解结构有限元分析模块的建立,及模型处理。

9.1　UG NX 的 CAE 功能简介

近三十年来,计算机计算能力的飞速提高和数值计算技术的长足进步,诞生了商业化的有限元数值分析软件,并发展成为一门专门的学科——计算机辅助工程 CAE(Computer Aided Engineering)。这些商品化的 CAE 软件具有越来越人性化的操作界面和易用性,使得这一工具的使用者由学校或研究所的专业人员逐步扩展到企业的产品设计人员或分析人员,CAE 在各个工业领域的应用也得到不断普及并逐步向纵深发展,CAE 工程仿真在工业设计中的作用变得日益重要。许多行业中已经将 CAE 分析方法和计算要求设置在产品研发流程中,作为产品上市前必不可少的环节。CAE 仿真在产品开发、研制与设计及科学研究中已显示出明显的优越性:

- CAE 仿真可有效缩短新产品的开发研究周期。
- 虚拟样机的引入减少了实物样机的试验次数。
- 大幅度地降低产品研发成本。
- 在精确的分析结果指导下制造出高质量的产品。
- 能够快速对设计变更做出反应。
- 能充分和 CAD 模型相结合并对不同类型的问题进行分析。

➤ 能够精确预测出产品的性能。

➤ 增加产品和工程的可靠性。

➤ 采用优化设计,降低材料的消耗或成本。

➤ 在产品制造或工程施工前预先发现潜在的问题。

➤ 模拟各种试验方案,减少试验时间和经费。

➤ 进行机械事故分析,查找事故原因。

当前流行的商业化 CAE 软件有很多种,国际上早在 20 世纪 50 年代末、60 年代初就投入大量的人力和物力开发具有强大功能的有限元分析程序。其中最为著名的是由美国国家宇航局(NASA)在 1965 年委托美国计算科学公司和贝尔航空系统公司开发的 Nastran 有限元分析系统。该系统发展至今已有几十个版本,是目前世界上规模最大、功能最强的有限元分析系统。从那时到现在,世界各地的研究机构和大学也发展了一批专用或通用有限元分析软件,除了 Nastran 以外,主要还有德国的 ASKA、英国的 PAFEC、法国的 SYSTUS、美国的 ABAQUS、ADINA、ANSYS、BERSAFE、BOSOR、COSMOS、ELAS、MARC 和 STARDYNE 等公司的产品。虽然软件种类繁多,但是万变不离其宗,其核心求解方法都是有限单元法,也简称为有限元法(Finite Element Method)。

9.1.1 有限元法的基本思想

有限元法的基本思路可以归结为:将连续系统分割成有限个分区或单元,对每个单元提出一个近似解,再将所有单元按标准方法加以组合,从而形成原有系统的一个数值近似系统,也就是形成相应的数值模型。

下面用在自重作用下的等截面直杆来说明有限元法的思路。

受自重作用的等截面直杆如图 9-1 所示,杆的长度为 L,截面积为 A,弹性模量为 E,单位长度的重量为 q,杆的内力为 N。试求:杆的位移分布、杆的应变和应力。

$$N(x)=q(L-x)$$
$$dL(x)=\frac{N(x)dx}{EA}=\frac{q(L-x)dx}{EA}$$
$$u(x)=\int_0^x\frac{N(x)dx}{EA}=\frac{q}{EA}(Lx-\frac{x^2}{2})$$
$$\varepsilon_x=\frac{du}{dx}=\frac{q}{EA}(L-x)$$
$$\sigma_x=E\varepsilon_x=\frac{q}{A}(L-x) \tag{9-1}$$

图 9-1　受自重作用的等截面直杆

图 9-2　离散后的直杆

等截面直杆在自重作用下的有限元法解答:

1. 连续系统离散化

如图 9-2 所示,将直杆划分成 n 个有限段,有限段之间通过公共点相连接。在有限元法中将两段之间的公共连接点称为节点,将每个有限段称为单元。节点和单元组成的离散模型就称为对应于连续系统的"有限元模型"。

有限元模型中的第 i 个单元,其长度为 L_i,包含第 i, $i+1$ 个节点。

2. 用单元节点位移表示单元内部位移

第 i 个单元中的位移用所包含的节点位移来表示:

$$u(x) = u_i + \frac{u_{i+1} - u_i}{L_i}(x - x_i) \tag{9-2}$$

其中 u_i 为第 i 节点的位移,x_i 为第 i 节点的坐标。第 i 个单元的应变为 ε_i,应力为 σ_i,内力为 N_i:

$$\varepsilon_i = \frac{du}{dx} = \frac{u_{i+1} - u_i}{L_i} \tag{9-3}$$

$$\sigma_i = E\varepsilon_i = \frac{E(u_{i+1} - u_i)}{L_i} \tag{9-4}$$

$$N_i = A\sigma_i = \frac{EA(u_{i+1} - u_i)}{L_i} \tag{9-5}$$

3. 把外载荷归集到节点上

把第 i 单元和第 $i+1$ 单元重量的一半 $\dfrac{q(L_i + L_{i+1})}{2}$,归集到第 $i+1$ 节点上,如图 9-3 所示。

4. 建立节点的力平衡方程

对于第 $i+1$ 节点,由力的平衡方程可得:

$$N_i - N_{i+1} = \frac{q(L_i + L_{i+1})}{2} \tag{9-6}$$

令 $\lambda_i = \dfrac{L_i}{L_{i+1}}$,并将(9-5)代入得:

$$-u_i + (1 + \lambda_i)u_{i+1} - \lambda_i u_{i+2} = \frac{q}{2EA}\left(1 + \frac{1}{\lambda_i}\right)L_i^2 \tag{9-7}$$

图 9-3 集中单元重量

根据约束条件,$u_1 = 0$。

对于第 $n+1$ 个节点,

$$N_n = \frac{qL_n}{2}$$
$$-u_n + u_{n+1} = \frac{qL_n^2}{2EA} \tag{9-8}$$

建立所有节点的力平衡方程,可以得到由 $n+1$ 个方程构成的方程组,可解出 $n+1$ 个未知的节点位移。

9.1.2 有限元法的基本方法

有限元法的计算步骤归纳为以下 3 个基本步骤:网格划分、单元分析、整体分析。

1. 网格划分

有限元法的基本做法是用有限个单元体的集合来代替原有的连续体。因此首先要对弹性体进行必要的简化,再将弹性体划分为有限个单元组成的离散体。单元之间通过节点相连接。由单元、节点、节点连线构成的集合称为网格。

通常把三维实体划分成四面体或六面体单元的实体网格,平面问题划分成三角形或四边形单元的面网格,如图9-4～图9-12所示。

图9-4 四面体四节点单元

图9-5 六面体八节点单元

图9-6 三维实体的四面体单元划分

图9-7 三维实体的六面体单元划分

图9-8 三角形三节点单元

图9-9 四边形四节点单元

图 9-10　平面问题的三角形单元划分　　　　图 9-11　平面问题的四边形单元划分

图 9-12　二维及三维混合网格划分

2．单元分析

对于弹性力学问题，单元分析就是建立各个单元的节点位移和节点力之间的关系式。

由于将单元的节点位移作为基本变量，进行单元分析首先要为单元内部的位移确定一个近似表达式，然后计算单元的应变、应力，再建立单元中节点力与节点位移的关系式。

以平面问题的三角形三节点单元为例。如图 9-13 所示，单元有三个节点 I、J、M，每个节点有两个位移 u、v 和两个节点力 U、V。

单元的所有节点位移、节点力，可以表示为节点位移向量（Vector）：

$$\text{节点位移}\{\delta\}^e=\begin{Bmatrix} u_i \\ v_i \\ u_j \\ v_j \\ u_m \\ v_m \end{Bmatrix} \qquad \text{节点力}\{F\}^e=\begin{Bmatrix} U_i \\ V_i \\ U_j \\ V_j \\ U_m \\ V_m \end{Bmatrix}$$

单元的节点位移和节点力之间的关系用张量（Tensor）来表示，

$$\{F\}^e=[K]^e\{\delta\}^e \qquad\qquad (9-9)$$

3．整体分析

对由各个单元组成的整体进行分析，建立节点外载荷与节点位移的关系，以解出节点位移，这个过程称为整体分析。同样以弹性力学的平面问题为例，如图 9-14 所示，在边界节点

图 9-13　三角形三节点单元

i 上受到集中力 P_x^i，P_y^i 作用。节点 i 是三个单元的结合点，因此要把这三个单元在同一节点上的节点力汇集在一起建立平衡方程。

图 9-14　整体分析

i 节点的节点力：

$$U_i^{(1)} + U_i^{(2)} + U_i^{(3)} = \sum_e U_i^{(e)}$$

$$V_i^{(1)} + V_i^{(2)} + V_i^{(3)} = \sum_e V_i^{(e)}$$

i 节点的平衡方程：

$$\sum_e U_i^{(e)} = P_x^i$$

$$\sum_e V_i^{(e)} = P_y^i$$

$$(9-10)$$

9.1.3　UG NX CAE 分析的特点

　　NX 高级仿真模块是一个集成的有限元建模工具。利用该工具，能够迅速进行部件和装配模型的预处理和后处理。它提供了一套广泛的工具，辅助用户提取几何图形进行网格化、添加载荷和其他边界条件定义与材料定义，为富有经验的有限元分析师提供了全面的有限元模型以及结果可视化的解决方案。它支持大量通用工程仿真，主要用于线性静态结构分析、非线性分析、模态分析、结构屈曲分析、稳态和瞬态热传递、复合材料和焊接分析。

　　该软件常用的求解器为 NX Nastran，它能够制定有限元模型分析问题的格式并且直接把这些问题提交给 NX Nastran。另外，还能够添加其他解算器，如 ANSYS 和 ABAQUS 等第三方解算器。

UG NX 有限元模型主要包括：主模型文件、理想化模型文件、有限元模型文件、解算文件四个文件，如图 9-15 所示。

Simulation File View

Session
⊟ bracket2_sim1
  ⊟ bracket2_fem1
    ⊟ bracket2_fem1_i
       bracket2

图 9-15　UG NX 有限元模型结构图

➢ 主模型文件

通常是 prt 文件，主模型可以是零件或者装配体。通常在分析过程中主模型不做修改，但可以被锁定的。

➢ 理想化模型文件

理想化模型文件后缀名.prt，通常是主模型文件名加上_fem_i。理想化模型文件由主模型文件获得解算前，使用理想化模型工具修改，你可以不用修改主模型来得到分析模型如果采用自动建立有限元模型和解算模型方式，理想化模型将自动被建立

➢ 有限元模型文件

有限元模型文件后缀名.fem，通常是主模型文件名加上_fem.fem，包含网格划分（节点和单元）、物理属性和材料属性等。可以使用模型整理工具修改几何。

➢ 解算文件

解算文件后缀名.sim，通常是主模型文件名加上_sim.sim，包含解算方案的建立、载荷及约束、解算参数控制及输出目的等。

UG NX 使用四种文件来保存有限元分析数据的优势：

1. 在同一个平台上，我们可以区分实体模型和有限元分析模型。

2. 可以单独处理有限元模型，而不需要打开主模型，可以节省计算时的系统资源，提高解算速度。

3. 可以对于一个理想化模型建立多个有限元模型，利于协同工作。

4. 多个有限元模型可以同时被加载进来，加强了后处理。

5. 便于有限元模型的重新利用。

9.2   UG NX 运动分析实例

本节接下来将通过四杆机构（曲柄连杆机构）的仿真步骤来介绍 UG NX8.0 的运动仿真模块。平面四连杆机构的运动分析，就是对机构上的某点的位移、轨迹、速度、加速度进行分析，根据原动件（曲柄）的运动规律，求解出从动件的运动规律。平面四连杆机构的运动设计方法有很多，传统的有图解法、解析法和实验法。

通过 UG NX 软件，对平面四连杆机构进行三维建模，通过预先给定尺，之后建立相应的连杆、运动副及运动驱动，对建立的运动模型进行运动学分析，给出构件上某点的运动轨迹及速度和加速度变化的规律曲线，用图形和动画来模拟机构的实际运动过程，这是传统的分析方法所不能比拟的。

运动仿真是基于时间的一种运动形式，即在指定的时间段中运动，UG 的仿真分析过程分 3 个阶段进行：前处理（创建连杆、运动副和定义运动驱动）；求解（生成内部数据文件）；后处理（分析处理数据，并转化成电影文件、图表和报表文件）。

9.2.1   运动仿真模型准备

由于运动仿真需要引入主模型，进入运动仿真模块和进入加工、工程图纸模块一样，需要先将主模型打开后才能执行。本例中的主模型是曲柄连杆机构的装配体。具体建模步骤和装配流程参照 UG NX8.0 的建模章节中的介绍。

如图 9-16 与 9-17 所示，本例中用于运动仿真的装配体为曲柄连杆机构，是最简单的平面四杆机构。各连杆长度如下：

$l_1 = 30\text{mm}; l_2 = 240\text{mm}; l_3 = 110\text{mm}; l_4 = 190\text{mm}$

图 9-16   曲柄连杆机构简图   图 9-17   曲柄连杆机构装配体

9.2.2   进入仿真模块

具体操作步骤如下：

(1)【文件】—【打开】；打开曲柄连杆机构装配体文件。

(2)在"标准"工具栏中选择【开始】—【运动仿真】命令，进入运动仿真界面。如图 9-18 所示。

(3)如图 9-19 所示，单击资源导航器中选择"运动导航器"，右键单击，选择新建仿真，软件自动打开"环境"对话框，如图 9-20 所示。

图 9-18　进入仿真界面　　　　　　　图 9-19　新建仿真

图 9-20　环境变量设置

(4)设置环境参数,点击【动力学】仿真,单击【确定】按钮进入仿真操作。

9.2.3　设置连杆和运动副

在机构装配好后,各个模块并不能通过装配命令连接起来进行仿真,因此还必须为每个部件赋予一定的运动学特性,即机构指定连杆和运动副。连杆和运动副是四杆机构中不可或缺的运动元素。

连杆添加具体操作步骤如下:

(1)如图 9-21 所示,点击工具条上的【连杆】按钮,弹出新建连杆对话框,如图 9-22

所示。

（2）选中连杆 1，点击【应用】创建连杆 loo1，再选中连杆 2 点击【应用】创建连杆 loo2，再选中连杆 3 点击【应用】创建连杆 loo3，再选中连杆 4 点击【应用】创建连杆 loo4，最后单击取消，创建完成，可以在运动导航窗口模型树下看见四个连杆，如图 9-23 所示。

图 9-21　添加连杆

图 9-22　添加连杆对话框

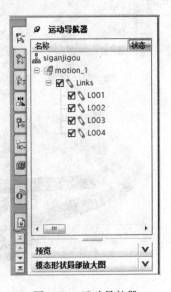

图 9-23　运动导航器

运动副添加具体操作步骤如下：

（1）首先需要先设置机架，即将 loo4 设定为固定。在【运动导航器】里面可以看到新建的四个连杆，右键单击连杆 4 图标，把连杆 4 设置成固定的，如图 9-24 所示。

（2）连杆与连杆之间考旋转副连接均作，将建立 4 个旋转副，其中有 2 个旋转副固定，为了使 4 个连杆的运动有连贯性，必须在创建运动副时，在各连杆之间建立联系，使各部件运动结成一个整体。点击工具条上的【运动副】按钮，弹出新建连杆对话框，如图 9-25 所示。

（3）如图 9-25 所示，单击对话框"操作"区域中的【选择连杆】，在运动导航框中选择连杆 1；单击【指定原点】按钮，如图 9-26 所示，在跳出来的点选择对话框中，在【类型】栏中选择【圆弧中心】，然后在视图区中选择连杆 1 下端圆心为原点。并设置【指定矢量】为 Z 轴正向。

（4）单击【驱动】标签，打开【驱动设置】选项卡，如图 9-27 所示，设置【旋转】驱动为恒定速度，初速度为 5 度/秒，点击【应用】按钮。设置完成后，在视图区可以看见连杆 1 上有一个旋转箭头和固定标志,如图 9-28 所示,表示第一个运动副添加完成。

图 9-24　设置机架

图 9-25　添加运动副对话框

图 9-26　指定原点对话框

图 9-27　添加驱动对话框

图 9-28　运动副添加完成

(5)点击工具栏中的【运动副】添加第二个运动副,这次添加运动副是为了实现连杆1和连杆2的咬合。如图9-29所示,点击【选择连杆】,并在视图区选择连杆loo2,指定连杆2左端的圆心为原点,并选定Z轴正向为指定矢量。

　　(6)点击运动副对话框中的【基本】标签,勾选【啮合连杆】,点击【选择连杆】,并在视图区选择连杆1,指定连杆1的上端圆心为指定原点,同样选择Z轴正向为指定矢量。

　　(7)同理继续添加第三个,第四个运动副。添加完成后,在运动导航窗口可以看见如图9-30所示的运动副显示。至此,运动副添加完成。

图9-29　添加第二个运动副

图9-30　运动副添加结果

9.2.4　定义解算方案并求解

　　完成连杆和运动副的设置创建后,对连杆运动机构进行计算分析。在分析之前需要先对求解时间,步数进行设置,具体操作如下:

　　(1)单击工具栏中的【解算方案】按钮,打开解算方案对话框,如图9-31所示。

图9-31　设定解算方案

（2）在【解算方案】选项卡中输入时间为160s，步数为200，如图9-32所示。

（3）单击工具栏中的【解算】按钮，进行仿真求解，求解结果生成。

注意：在工具栏中有时不会直接显示【解算方案】按钮，这是因为被隐藏了，点击后面的下拉按钮即可。

9.2.5　求解结果分析

经过解算，可对平面四杆机构进行运动仿真显示及其相关的后处理，通过动画可以观察机构的运动过程，并可以随时暂停、倒退，选择动画中的轨迹选项，可以观察机构的运动过程，还可以生成指定标记点的位移、速度、加速度等规律曲线。

具体操作如下：

（1）如图9-33所示，在运动导航窗口中右键点击【XY-Graphing】按钮，选择【新建】，软件会自动跳出【图表】对话框，如图9-34所示。选择J002旋转副后，Y轴属性请求选择速度，分量选择角度幅值，即表示角速度，接着点击【Y轴定义】中的【＋】将Y轴分量确定，最后点击【应用】输出图表，为了方便起见，我们还可以将数据导出至Excel图表格式，如图9-35和9-36所示。

（2）同理可以输出J003、J004、J005的角速度图表。

图9-32　解算方案对话框

图9-33　新建图表

图9-34　图表设定对话框

图 9-35 导出至 Excel 表格

图 9-36 导出结果

最后求解得到的各个运动副的速度图如下：

运动副 2(J002)角速度图：

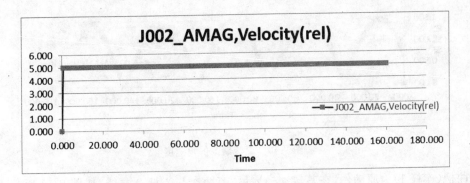

图 9-37 曲柄角速度

因为运动副 2 表示曲柄的角速度，本例中设置为固定值 5 度/秒。

运动副 3(J003)角速度图

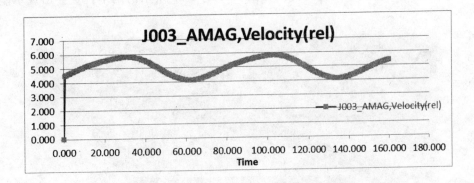

图 9-38 旋转副 3 的角速度

运动副 4(J004)角速度图

图 9-39　旋转副 4 的角速度

运动副 5(J005)角速度图

图 9-40　旋转副 5 的角速度

曲柄(连杆 1)为原动件,在其转动一周后,有两次与连杆 2 共线,如图 9-40 所示。摇杆角速度为 0 的点表示摇杆(连杆 3)分别处于两个极限位置,当曲柄以等角速转动一周时,摇杆将在两个极限位置之间摆动,而且较明显地看到从一个极限位置到另一个极限位置要用的时间间隔不一样,这就是摇杆的急回特性。

当摇杆为主动件进行运动分析时,在图 9-41 与 9-42 所示的两个位置会出现不能使曲

图 9-41　共线极限位置

柄转动的"顶死"现象,机构的这种位置称为死点。在一些运动中我们应尽量避免这种现象的出现,为了使机构能顺利地通过死点而正常运转,可以采取在曲柄上安装组合机构或者采用安装飞轮加大惯性的方法,借惯性作用使机构转过死点。

图 9-42 重合极限位置

9.3 UG NX 有限元分析实例

UG NX 在结构有限元分析的通用工作流程如下:

(1)在 NX 中,打开零件。

(2)启动高级仿真应用。为 FEM 和仿真文件规定默认求解器(设置环境,或语言)。

注意:也可以选择先建立 FEM 文件,然后再建立仿真文件。

(3)建立解决方案。选择求解器(如 NX Nastran)、分析类型(如 Structural)和解决方案类型(如 Linear Statics)。

(4)如果需要,理想化部件几何体。一旦使理想化部件激活,可以移去不需要的细节,如孔或圆角,分隔几何体准备实体网格划分或建立中面。

(5)使 FEM 文件激活,网格划分几何体。首先利用系统默认自动地网格化几何体。在许多情况下系统默认提供好的高质量的网格,可无须修改使用。

(6)检查网格质量。如果需要,可以用进一步理想化部件几何体细化网格,此外在 FEM 中可以利用简化工具,消除模型在网格划分时可能产生的几何 CAD 问题。

(7)添加材料到网格。

(8)当对网格满意时,使仿真文件激活、作用载荷与约束到模型。

(9)求解模型。

(10)在后处理中考察结果。

本节接下来将以一个悬臂梁的有限元分析来介绍 UG NX8.0 有限元分析的具体流程。

9.3.1 有限元模型的建立

(1)如图 9-43 所示,启动 UG NX8.0,打开文件"xuanbiliang. prt"文件。

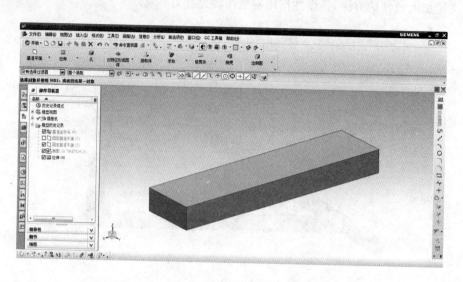

图 9-43 模型打开界面

(2)单击【开始】下拉菜单,点击【高级仿真】图标,进入高级仿真界面。如图 9-44 所示。

(3)单击屏幕右侧的【仿真导航器】中的悬臂梁,右键单击选择新建 FEM 和仿真文件,如图 9-45 所示。系统此时会自动跳出新建"FEM 和仿真对话框",如图 9-46 所示,各选项均设为系统默认,点【确定】后会自动跳出"创建解法"对话框,如图 9-47 所示,同样以系统默认选项点击【确定】。

图 9-44 进入高级仿真界面

图 9-45 新建仿真

图 9-46　新建仿真对话框

图 9-47　解算方案对话框

（4）如图 9-48 所示，双击"仿真文件视图"中的_悬臂梁_fem2，激活有限元模型，进入有限元模型的编辑界面。

图 9-48　仿真文件视图对话框

图 9-49　添加材料

（5）如图 9-49，单击"工具栏"中的【指派材料】图标，弹出如图 9-50 所示的材料选择对话框，按照选项依次选定悬臂梁实体，再选择材料，此例中选"steel"，点【确定】。

图 9-50　指派材料对话框

图 9-51　划分网格

　　(6)如图 9-51 所示,单击"工具栏"上的【3D 四面体网格】,系统会自动跳出"3D 四面体网格对话框",如图 9-52 所示。选择悬臂梁实体进行网格划分,设定单元大小为 0.5,点击【确定】,会生成如图 9-53 所示的有限元模型。

图 9-52　3D 四面体网格对话框

图 9-53　网格划分效果

(7)如图 9-54 所示,双击"仿真导航器"中的_悬臂梁_sim2,激活高级仿真工具栏中的载荷和约束等按钮,进入仿真界面,如图 9-55 所示。

图 9-54 仿真文件视图　　　　　　　　图 9-55 施加载荷和约束

(8)单击【载荷类型】下拉菜单中的【力】按钮,在视图区选择边作为施加线载荷的线。如图 9-56 所示。设定力大小为 10N,方向为 Z 轴负向。

图 9-56 添加力对话框

(9)单击【约束类型】下拉菜单中的【固定约束】按钮,在视图区选择面作为施加约束的面。如图 9-57 所示。

图 9-57 添加约束对话框

9.3.2 求解

完成有限元模型的建立后,进入求解阶段,求解操作步骤如下:

(1)单击【求解】按钮,弹出如图所示的"求解"对话框,如图 9-58 所示。

(2)单击【确定】按钮,弹出"分析作业监视器"对话框,如图 9-59 所示。

(3)单击【取消】按钮,完成求解过程。

图 9-58 求解对话框

图 9-59 分析作业监视器

9.3.3 后处理

完成求解后,进入后处理阶段,用户可以通过生成的云图来判断应变,应力的最大值与最小值等。具体操作如下:

(1)如图 9-60 单击"后处理导航器"在弹出的"后处理导航器"中右键单击【导入结果】选项,系统自动弹出"导入结果"对话框。如图 9-61 所示,在存储目录中寻找结果文件,单击【确定】即可导入求解结果。

(2)在屏幕右侧"仿真导航器"中的"result"选项,选择"位移—节点的",云图显示有限元模型的变形情况。单击后处理工具栏上的"标记开关"按钮,可以显示出结果的最大值和最小值。如图9-62所示。

图 9-60　导入结果

图 9-61　在存储目录中导入结果

图 9-62　节点位移云图

（3）在屏幕右侧"仿真导航器"中的"result"选项，选择"位移—节点的"，云图显示有限元模型的变形情况。单击后处理工具栏上的"标记开关"按钮，可以显示出结果的最大值和最小值。如图9-63所示。

图 9-63　节点应力云图

配套教学资源与服务

一、教学资源简介

本教材通过 www.51cax.com 网站配套提供两种配套教学资源：

■ 新型立体教学资源库：**立体词典**。"立体"是指资源多样性，包括视频、电子教材、PPT、练习库、试题库、教学计划、资源库管理软件等等。"词典"则是指资源管理方式，即将一个个知识点(好比词典中的单词)作为独立单元来存放教学资源，以方便教师灵活组合出各种个性化的教学资源。

■ 网上试题库及组卷系统。教师可灵活地设定题型、题量、难度、知识点等条件，由系统自动生成符合要求的试卷及配套答案，并自动排版、打包、下载，大大提升了组卷的效率、灵活性和方便性。

二、如何获得立体词典？

立体词典安装包中有：1)立体资源库。2)资源库管理软件。3)海海全能播放器。

■ 院校用户(任课教师)

请直接致电索取立体词典(教师版)、51cax 网站教师专用账号、密码。其中部分视频已加密，需要通过海海全能播放器播放，并使用教师专用账号、密码解密。

■ 普通用户(含学生)

可通过以下步骤获得立体词典(学习版)：1)在 www.51cax.com 网站注册并登录；2)点击右上方"输入序列号"键，并输入教材封底提供的序列号；3)在首页搜索栏中输入本教材名称并点击"搜索"键，在搜索结果中下载本教材配套的立体词典压缩包，解压缩并双击 Set-up.exe 安装。

三、教师如何使用网上试题库及组卷系统？

网上试题库及组卷系统仅供采用本教材授课的教师使用，步骤如下：

1)利用教师专用账号、密码(可来电索取)登录 51CAX 网站 http://www.51cax.com；
2)单击网站首页右上方的"进入组卷系统"键，即可进入"组卷系统"进行组卷。

四、我们的服务

提供优质教学资源库、教学软件及教材的开发服务，热忱欢迎院校教师、出版社前来洽谈合作。

电话：0571-28811226,28852522

邮箱：market01@sunnytech.cn, book@51cax.com

机械工程系列规划教材

（已出版）

UG NX6.0 立体词典：产品建模（第二版）（单 岩 等）

UG NX6.0 立体词典：数控编程（第二版）（王卫兵 等）

立体词典：UGNX6.0 注塑模具设计（吴中林 等）

MOLDFLOW 立体词典：塑料模具成型分析与优化设计（单 岩 等）

ProE Wildfire 5.0 立体词典：产品建模（第二版）（门茂琛 等）

AUTOCAD 2010 立体词典：机械制图（吴立军 等）

CAD 技术基础与 UG NX 6.0 应用实践（甘树坤 等）

模具结构的认知、拆装与测绘（单 岩 等）